D1696029

Die Bibliothek der Technik
Band 3

Kondensatableitung

Einführung in Aufgaben, Methoden, Systeme und Funktionen

Von Günter Teske

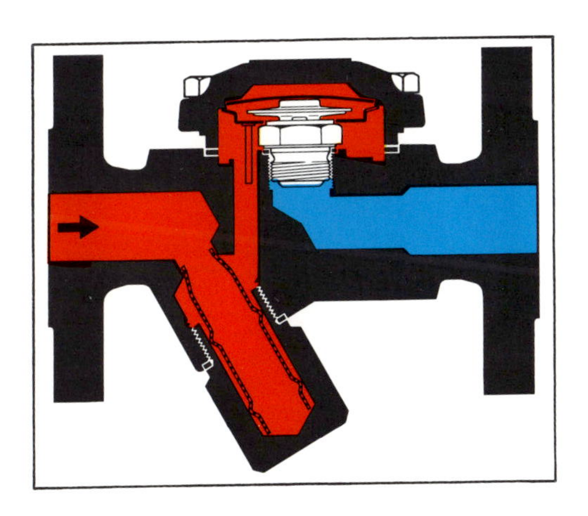

verlag moderne industrie

Dieses Buch wurde mit fachlicher
Unterstützung der GESTRA AG erarbeitet

Die Abbildungen auf den Seiten 52 – 63 wurden
dem Buch ›Robert Wagner, Kondenswasser-Ableiter‹
entnommen, das 1911 im Verlag von Hachmeister
& Thal, Leipzig, erschienen ist.
Alle anderen Abbildungen: GESTRA AG, Bremen
und verlag moderne industrie, Landsberg
Printed in Germany 930 003
ISBN 3-478-93003-0

Inhalt

Der Wärmeträger Dampf 4

Die Aufgaben des Kondensatableiters 13

Die Kondensatableitersysteme 18

Schwimmerkondensatableiter mit geschlossener Schwimmerkugel 19

Schwimmerableiter mit offenem Glockenschwimmer 20

Thermische Kondensatableiter mit Thermostaten aus Bistahl oder mit Verdampfungsthermostaten 22

Thermodynamische Ableiter mit Steuerplatte 25

Thermodynamische Ableiter mit starren Düsensystemen . . 26

Das moderne Kondensatableiterkonzept 28

Schwimmerableiter mit Kugelschwimmer und Rollkugelabschluß 29

Schwimmerableiter mit Glockenschwimmer 31

Duo-Kondensomaten mit Duostahl-(Bistahl-) Thermostaten als Regelorgan 32

Kondensomaten mit Membranregler als Verdampfungsthermostat 34

Kondensat-Ablauftemperaturbegrenzer 35

Stufendüsen-Kondensatableiter 36

Dampfsparende Maßnahmen 39

Methoden zur Ableiterkontrolle 43

Schlußbetrachtung 50

Übrigens: Das war der Anfang 51

Fachlexikon 65

Der Partner dieses Buches 71

Der Wärmeträger Dampf

Wirtschaftlich heizen durch zweckmäßiges System

Die offene Feuerstelle, der Kamin, der Kachelofen – Wärmequellen, die an Gemütlichkeit, an gemeinsam verbrachte besinnliche Stunden denken lassen und an die »guten alten Zeiten« erinnern. Nostalgische Gefühle, die man sich im persönlichen Bereich leisten sollte; sind sie doch der Ausgleich für eine immer mehr auf Vernunft bauende Welt.

Doch wünschen wir uns wirklich die »guten alten Zeiten« mit allen daraus resultierenden Konsequenzen? Der Kamin neben der Zentralheizung als persönlicher Komfort im häuslichen Bereich: Ja! Die Einzelheizung mit Ofen oder Kamin allein: Sicher nein!

Im häuslichen Bereich aus verständlichem Grunde schon nicht wünschenswert, ist bei industriellen und gewerblichen Anlagen die Einzelheizung mit jeweils separater Wärmeerzeugung nahezu undenkbar. Eine Vielzahl von Aggregaten mit den unterschiedlichsten Aufgaben ist hier mit Wärme wirtschaftlich zu versorgen. Kochen, Verdampfen, Destillieren, Heizen, Trocknen mit konstanten, intermittierenden, gesteuerten oder geregelten Abläufen sind Beispiele für die überaus große Vielfalt der sich aus den unterschiedlichen Heizprozessen ergebenden und zu lösenden Probleme. Dies ist bei der Wahl des Heizsystems zu berücksichtigen.

Im Normalfall wird die für Heizzwecke benötigte Wärme zentral erzeugt, auf ein Fördermittel, den Wärmeträger, übertragen und zu den einzelnen Verbrauchsstellen, den Wärmeverbrauchern, gefördert. Hier wird dann

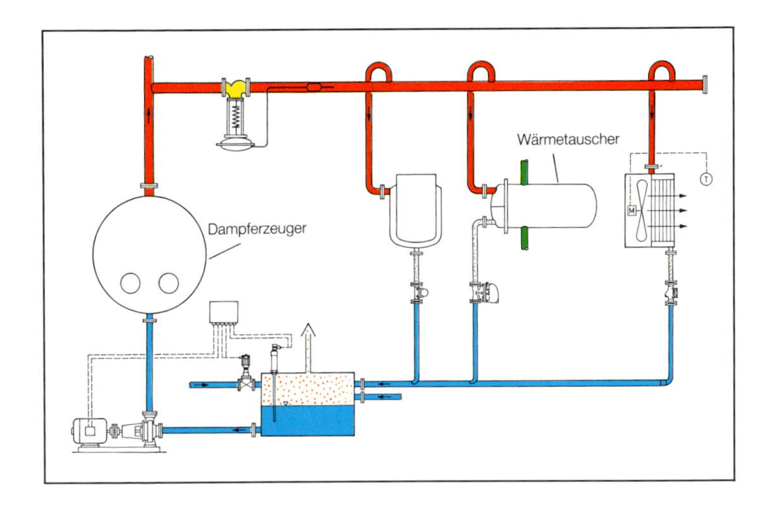

dem Wärmeträger die in ihm enthaltene Wärme, der Wärmeinhalt, teilweise oder ganz entzogen (Abb. 1). Wärmeträger sind zum Beispiel Warmwasser (t < 100 °C), Heißwasser (t > 100 °C), Wasserdampf und Thermoöle.

Abb. 1: Zentral versorgte Dampfheizung

Wasserdampf als Wärmeträger bietet Vorteile

Im gewerblichen und industriellen Bereich ist der Wasserdampf mit Abstand der gebräuchlichste Wärmeträger. Gegenüber flüssigen Wärmeträgern bietet der Wasserdampf Vorteile. Er läßt sich zum Beispiel allein durch das vorhandene Druckgefälle ohne Fremdenergie (Pumpen) transportieren und auf die einzelnen Wärmeverbraucher einfach verteilen (Abb. 2). Die Wärmeabgabe erfolgt, wenn nur die Verdampfungswärme genutzt (der Regelfall) und der Druck im Wärmetauscher konstant gehalten wird, mit gleichbleibender Temperatur (Sattdampftemperatur). Änderungen der Heiztemperaturen zur Erzielung bestimmter vorgegebener Heizvorgänge sind durch Änderung der Dampfdrücke im Wärmetauscher ohne weiteres möglich (Abb. 3a + b).

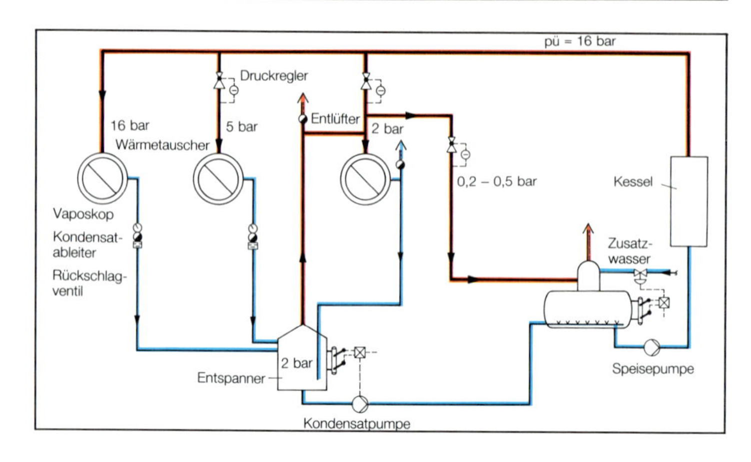

Abb. 2: Geschlossenes Dampfheizungs-system

Mit dem Entzug der Verdampfungswärme kondensiert der Dampf. Das hierbei entstehende Kondensat hat die gleiche Temperatur wie der Dampf (Kondensattemperatur = Siedetemperatur = Sattdampftemperatur).

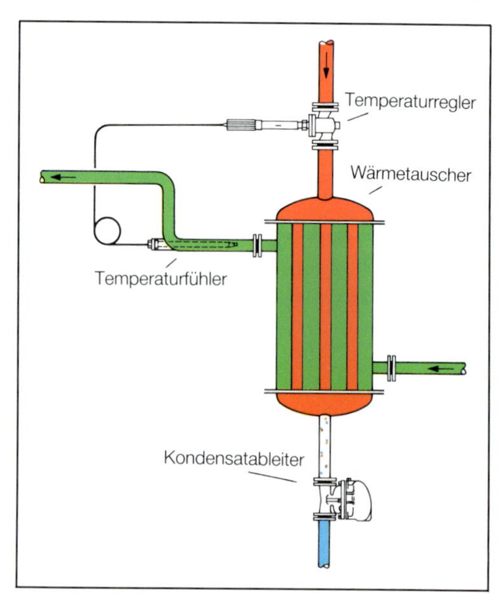

Abb. 3a: Temperatur-geregelter Wärme-tauscher

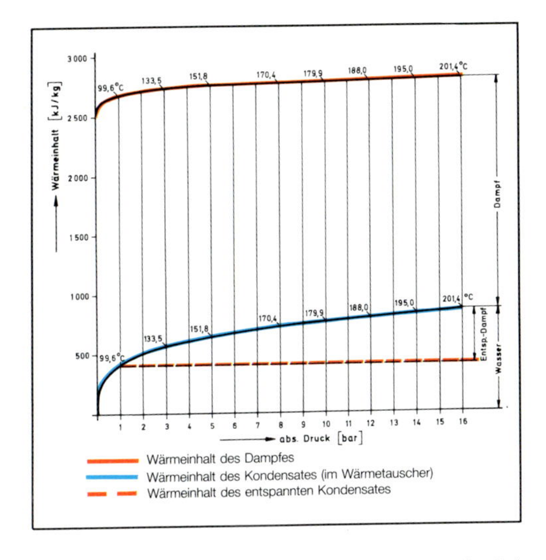

Abb. 3b: Wärmeinhaltkurven in Abhängigkeit vom Druck

Bei einfachen Heizvorgängen, zum Beispiel zur Aufrechterhaltung von Mindesttemperaturen in Produktleitungen oder Räumen, kann zusätzlich dem Kondensat Wärme entzogen werden; dementsprechend sinkt seine Temperatur wie bei jedem anderen flüssigen Wärmeträger. Mit dem Grad der Kondensatwärmenutzung für Heizzwecke fällt der Heizdampfbedarf.

Die Nutzung des Entspannungsdampfes, der bei der Ausschleusung des Kondensats aus dem Wärmetauscher auf ein niedrigeres Druckniveau durch das Freiwerden von latenter Wärme entsteht, eröffnet eine weitere Möglichkeit, Frischdampf zu sparen (Abb. 3b und 4).

Wirtschaftlichster Heizdampf durch Wärme-Kraft-Kopplung

Die wirtschaftlichste Art, Heizdampf zu erzeugen, bietet die Wärme-Kraft-Kopplung. Die Umwandlung von Wärmeenergie in mechanische Arbeit ist nur begrenzt möglich. Nach dem heutigen technischen Stand können hierbei nur bis etwa 40 % der erzeugten Wärme genutzt werden (Abb. 5). Die restli-

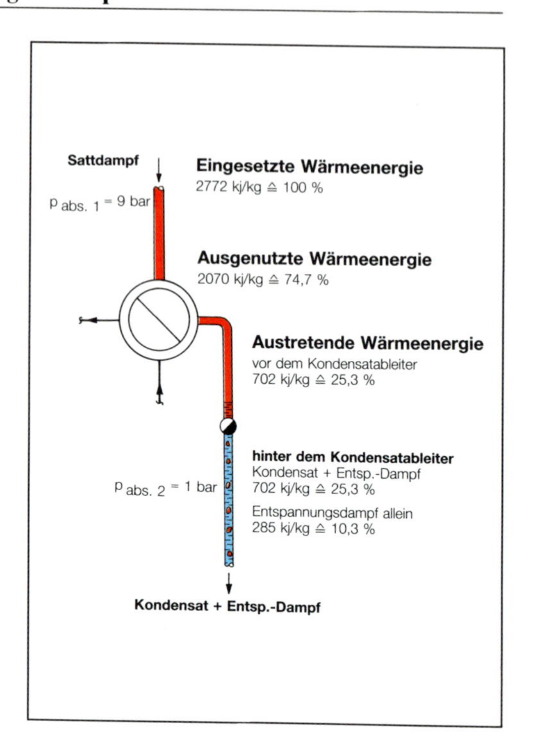

Abb. 4: Entspannungsdampf durch Druckabsenkung

che Wärmemenge wird im Kondensator mit Hilfe von Kühlwasser beziehungsweise Luft vernichtet, was zusätzlich einen erheblichen Aufwand erfordert.

Durch Entspannung des Dampfes in der Turbine lediglich auf den zur Erzielung der gewünschten Heiztemperatur notwendigen Druck sinkt zwar der Anteil der mechanischen Arbeit, die Stromausbeute. Es kann aber mehr als die Hälfte der erzeugten Wärme als Heizdampf verwendet werden. Entsprechend dem Beispiel in Abb. 5 lassen sich bei einem absoluten Dampfdruck von 5 bar (Betriebsdruck ≈ 4 bar) noch ca. 25 % der erzeugten Wärme in elektrischen Strom umwandeln. Der Gesamtnutzungsgrad beträgt

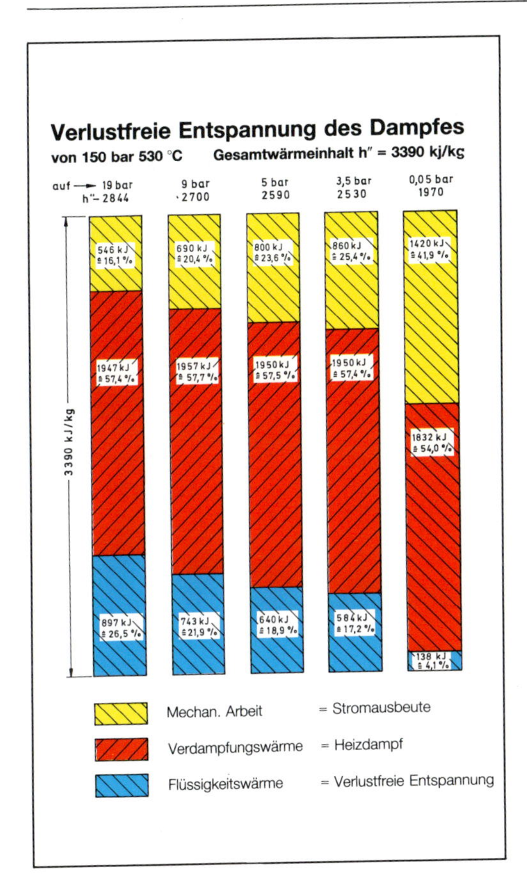

Abb. 5: Energieausbeute bei Wärme-Kraft-Kopplung

hier also über 80 %. Durch die Wiederverwendung des Kondensats kann die Gesamtenergieausbeute weiter erhöht werden. Sie weicht in diesem Falle von dem idealen Wert lediglich um die Verluste an die Umgebung ab, zum Beispiel durch Wärmestrahlung.

Die bisher getroffenen Feststellungen und Überlegungen zeigen die physikalischen Möglichkeiten für den optimalen Einsatz von Wasserdampf als Wärmeträger für die zentral versorgte industrielle Heizung. Theoreti-

Die optimierte Dampfheizung ist an besondere Bedingungen geknüpft

sche Vorteile sind in der Technik aber nur so viel wert, wie sie sich in der Praxis verwirklichen lassen. Die optimierte Dampfheizung erfordert daher

a) eine vollständige Nutzung der Verdampfungswärme. Nur kondensierter Dampf (Kondensat) darf den Wärmetauscher verlassen (Abb. 6),
b) die bestmögliche Heizleistung des Wärmetauschers. Die Heiztemperatur muß der Sattdampftemperatur bei dem jeweiligen Betriebsdruck entsprechen, und zwar an jedem Punkt der Heizfläche (Abb. 7),
c) eine vollständige Nutzung der im Kondensat noch enthaltenen Flüssigkeitswärme je nach Möglichkeit:

– teilweise direkt in einem zweckgerech-

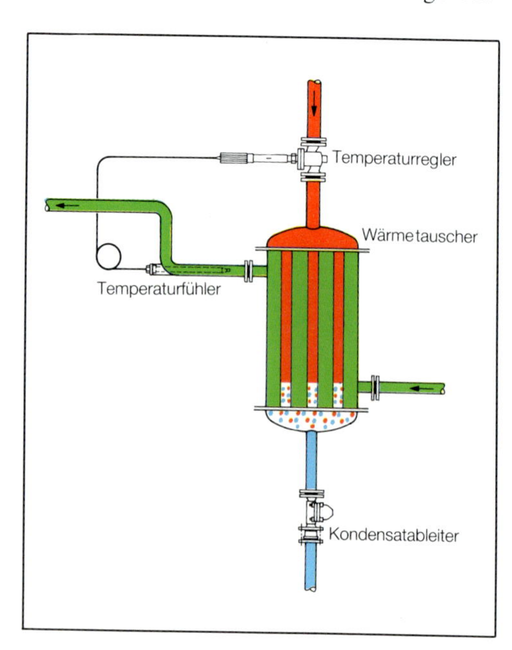

Abb. 6: Dampfverlustfreie Kondensatableitung

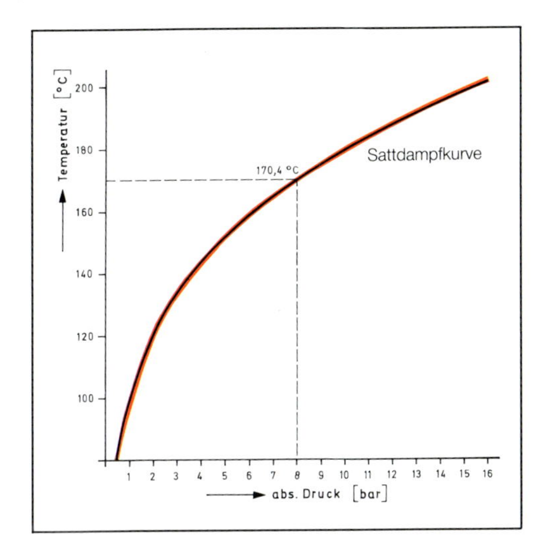

Abb. 7: Dampftemperaturen in Abhängigkeit vom Druck

ten Wärmetauscher, wenn der Heizprozeß zum Beispiel eine Temperaturschichtung erlaubt (Abb. 8);

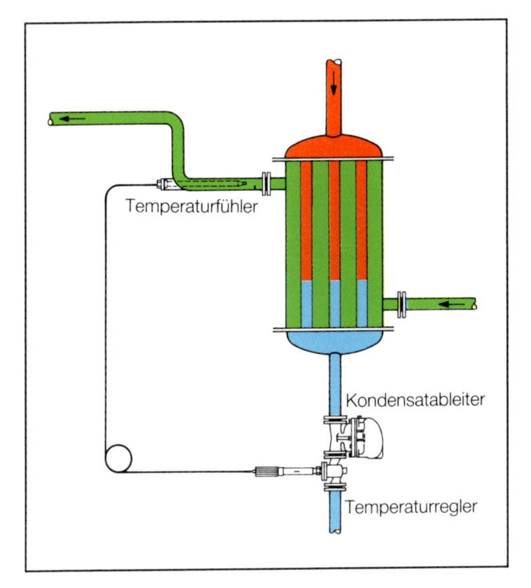

Abb. 8: Kondensatseitig geregelter Wärmetauscher

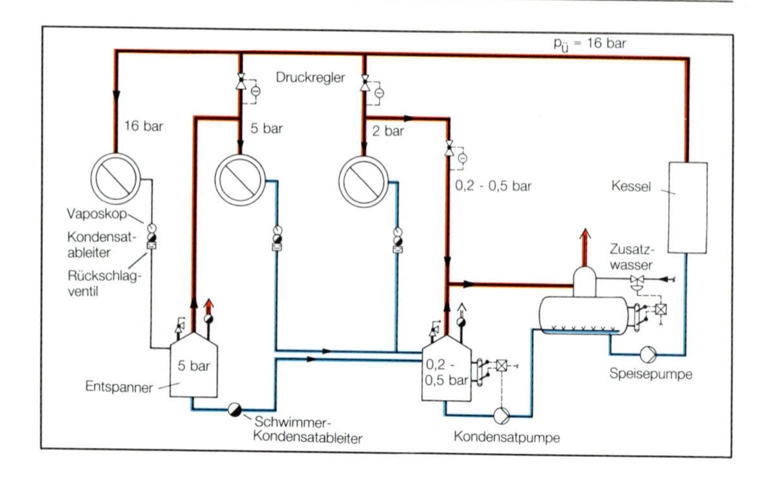

Abb. 9: Geschlossener Dampf-Kondensat-Kreislauf

- teilweise durch Entzug der bei der Druckabsenkung des Kondensats freiwerdenden Wärme in Form von Entspannungsdampf (Brüdendampf) (Abb. 9);
- durch die Wiederverwendung des Kondensats als Speisewasser für den Dampferzeuger.

Die Aufgaben des Kondensatableiters

Die Heizfläche (Heizwand) eines Wärmetauschers kann in einer bestimmten Zeit nur eine bestimmte Wärmemenge aufnehmen (Wärmeübergang α_1), sie der anderen Seite der Heizwand zuleiten (Wärmeleitfähigkeit λ) und sie dort an das Heizgut abgeben (Wärmeübergang α_2).
Der gesamte Vorgang wird als *Wärmedurchgang* bezeichnet. Die Wärmedurchgangszahl K gibt an, wieviel Wärme in Joule (J) je Sekunde (J/s = W = Watt) bei einem Temperaturunterschied von einem Kelvin (1 K) von je 1 m^2 Heizfläche des Wärmetauschers auf das aufzuheizende Gut (zum Beispiel Wasser oder Luft) übergeht (Abb. 10).
Die begrenzte Fähigkeit der Heizfläche, Wärme aufzunehmen und abzugeben, macht es erforderlich, den Dampf jeweils so lange im Wärmetauscher zurückzuhalten, bis er seine Verdampfungswärme abgegeben hat und von der Dampfphase in die Flüssigphase, also in Kondensat, übergeht.

Maximale Heizleistung bei kondensatfreier Heizfläche

Es ist eine Eigenschaft des Dampfes, daß er im Vergleich zu Wasser als Wärmeträger einen höheren Wärmedurchgang erzielt. Ein Beispiel für eine Heizfläche aus Schmiedestahl:

Wärmeträger	Heizgut	Wärmedurchgangszahl
Dampf	Wasser	ca. 1000 (W/m^2 K)
Wasser	Wasser	ca. 350 (W/m^2 K)

Das Beispiel zeigt: Bei voller Beaufschlagung der Heizfläche mit Dampf wird die maximale Heizleistung erzielt, weil die Wär-

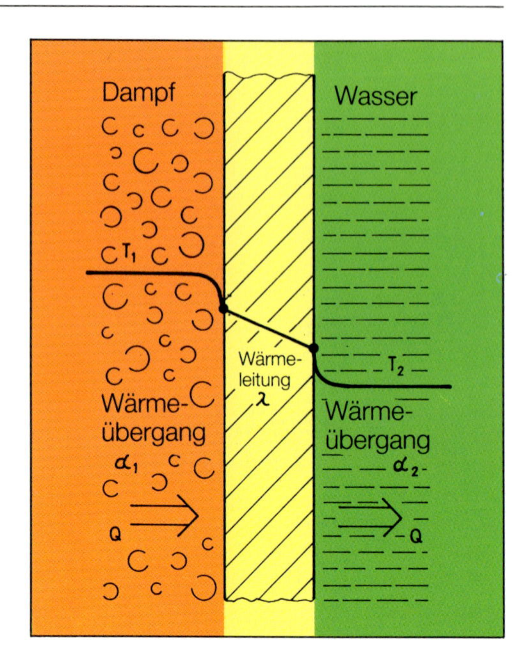

Abb. 10:
Heizvorgang im Wärmetauscher

medurchgangszahl am höchsten ist. Sie ist am geringsten bei voller Beaufschlagung mit Wasser (Kondensat).

Die Konsequenz hieraus ist, das Kondensat augenblicklich nach seiner Entstehung aus dem Heizsystem auszuschleusen, aber den ungenutzten Dampf (Frischdampf) nicht entweichen zu lassen.

Dies ist die Grundforderung an den Kondensatableiter. Entsprechend seiner Hauptaufgabe heißt er auch zutreffend: (KONDENSatableitungsautOMAT), Kondensatschleuse oder Dampffalle (Steam trap). Luft im Wärmetauscher beeinflußt den Heizprozeß negativ. Die Wärmeübergangszahlen von Luft und anderen nicht kondensierbaren Ga-

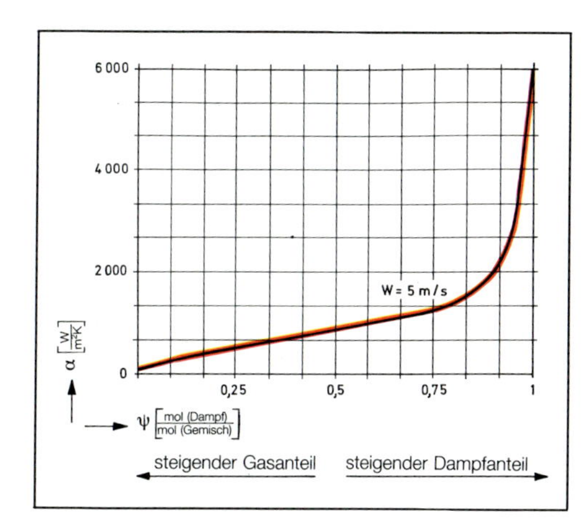

Abb. 11: Abhängigkeit der Heizleistung vom Luftanteil

sen tendieren gegen Null. Zunehmende Luft- und Gasanteile im Heizsystem führen somit ganz allgemein zu einer Reduktion der Heizleistung (Abb. 11). Der am Manometer angezeigte Druck im Heizsystem ist die Summe der Einzeldrücke (Partialdrücke) der im System vorhandenen Gase wie Dampf, Luft usw. Mit steigendem Anteil der nicht kon-

Luft reduziert die Heizleistung

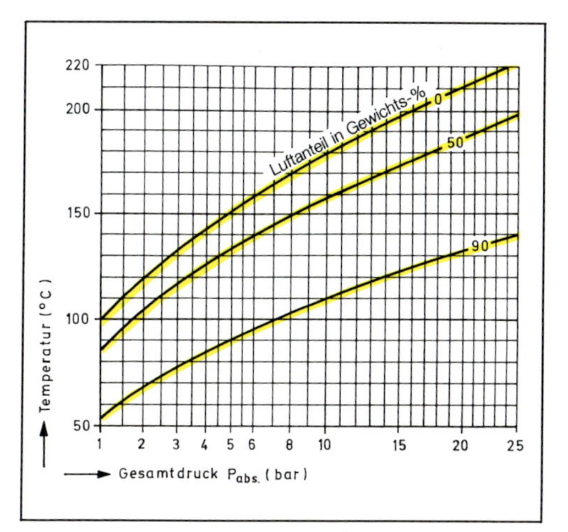

Abb. 12: Abhängigkeit der Heiztemperatur vom Luftanteil

Eigenschaften des Kondensatableiters

Grundforderung
Ausschleusung des Kondensats ohne Frischdampfverlust

Zusatzforderung
Selbsttätige Entlüftung
Keine Beeinflussung des Heizprozesses – kein Stau
Aussnutzung der Kondensatwärme – durch Stau

Universelle Verwendbarkeit	– großer Druckbereich – großer Gegendruckbereich – großer Mengenbereich – große Mengen- und Druckschwankung – geregelte Anlagen
Geringer Aufwand	– einfache Installation – Minimum für Wartung – korrosionsbeständig – schmutzunempfindlich – frostsicher – wasserschlagunempfindlich – lange Lebensdauer – wenig Varianten

Abb. 13: Forderungen an den Kondensatableiter

densierbaren Gase sinkt der Partialdruck des Dampfes und damit die Heiztemperatur, die allein vom Dampf bestimmt wird. Das hat eine kleinere Temperaturdifferenz zwischen Heizdampf und aufzuheizendem Gut zur Folge und - daraus resultierend – eine verringerte Heizleistung (Abb. 12).
Punktuelle Konzentrationen nicht kondensierbarer Gase führen aufgrund der geschilderten Vorgänge zu unterschiedlichen Heiztemperaturen und Heizleistungen im Wärmetauscher. Bei bestimmten Heizprozessen, zum Beispiel bei Vulkanisations- und Trocknungsvorgängen (Pressen, Kalander usw.), ergeben sich nachteilige Folgen. Jeder Kondensatableiter sollte aus den genannten Gründen neben dem Kondensat auch die nicht kondensierbaren Gase automatisch aus dem Heizsystem abführen – er soll die Anlage selbsttätig entlüften.
Völlig gegensätzlich zur Grundforderung an den Kondensatableiter, das Kondensat augenblicklich bei seiner Entstehung abzulei-

Kondensatwärmenutzung, eine zusätzliche Forderung

ten, steht der Wunsch, neben der Verdampfungswärme zumindest einen Teil der im Kondensat gespeicherten Flüssigkeitswärme für Heizzwecke zu nutzen. Zu diesem Zweck muß ein Teil der Heizfläche mit Kondensat beaufschlagt (überflutet) werden. Das Kondensat wird hierbei so lange zurückgestaut, bis es die gewünschte Wärmemenge an die Heizfläche abgegeben hat. Als Maß dient die Temperatur des Kondensats im Vergleich zur Siedetemperatur bei vorhandenem Betriebsdruck (konstante Temperaturdifferenz = konstante Unterkühlung) oder eine vorgegebene fixe Soll-Ablauftemperatur, unbeeinflußt vom Betriebsdruck. Für beide Aufgaben gibt es entsprechende Kondensatableiter: thermische Kondensatableiter für konstante Unterkühlung und solche für konstante Ablauftemperaturen.

Unterschiedliche Ableiterfunktionen erforderlich

Die hier genannten Aufgaben erfordern Kondensatableiter mit unterschiedlichen Funktionen. Die verzögerungsfreie Ausschleusung des Kondensats erfolgt beispielsweise optimal mit sogenannten Schwimmerableitern, die Entlüftung am besten mit thermischen Ableitern; die Nutzung der Flüssigkeitswärme des Kondensats direkt im Wärmetauscher ist ohne aufwendige Regelkreise nur mit thermischen Ableitern möglich.

Die billigsten Ableiter sind die thermodynamischen.

Neben den funktionellen Eigenschaften gewinnen andere Kriterien je nach Bewertung von Betriebssicherheit, Energie-, Installations- und Wartungkosten usw. an Bedeutung. Die Übersicht enthält die wichtigsten Punkte für die Beurteilung des Ableiters aus unterschiedlichster Sicht (Abb. 13).

Die Kondensat-ableitersysteme

Nachfolgend werden die einzelnen Ableitersysteme mit ihren unterschiedlichen Regeleigenschaften und den entsprechenden Regelgrößen beschrieben. Außerdem wird untersucht, ob und welchen Einfluß sie auf den Heizprozeß ausüben. Ganz allgemein sind von der Arbeitsweise her drei Ableitersysteme zu unterscheiden:

Schwimmerkondensatableiter regeln den Kondensatabfluß aufgrund der unterschiedlichen Dichte der Aggregatzustände: Flüssig (Kondensat) und Gas (Dampf).

Thermische Kondensatableiter regeln den Kondensatabfluß in Abhängigkeit von der Kondensattemperatur.

Thermodynamische Kondensatableiter steuern den Kondensatabfluß aufgrund der unterschiedlichen spezifischen Volumina von Wasser (Kondensat) und Dampf.

Wärmetauscher und Heizprozeß beeinflussen die Kondensat-temperatur

Insbesondere bei der Beurteilung der Arbeitsweisen und Einsatzmöglichkeiten der thermischen Kondensatableiter ist zu berücksichtigen, daß die Gestaltung des Wärmetauschers und der Ablauf des Heizprozesses die Kondensatabflußtemperaturen merkbar beeinflussen. Entsprechende wissenschaftliche Untersuchungen, aber auch viele Meßergebnisse aus der Praxis beweisen dies. Nach Prof. Kirschbaum gilt für senkrechte Heizwände bei Filmkondensation die allgemein gültige Formel:

$$\triangle t_K = 0{,}55\ (t_D - t_w)$$

Hierin bedeuten

Δt_K = Unterkühlung des Kondensats (Sattdampftemperatur abzüglich Kondensattemperatur)

t_D = Sattdampftemperatur des Heizdampfes

t_W = mittlere Temperatur der Heizwand.

Je größer der Unterschied zwischen der Temperatur des Heizdampfes und des aufzuheizenden Gutes ist, desto größer ist auch die Kondensatunterkühlung. Dies entspricht den praktischen Erfahrungen auch bei anders gestalteten Heizflächen, zumindest solange angenähert Filmkondensation vorliegt. In Wärmetauschern mit geringen Dampfgeschwindigkeiten ist dies überwiegend der Fall. Daher tritt hier das Kondensat nie mit Siedetemperatur aus. Gemessene Kondensattemperaturen am Wärmetauscheraustritt, die unterhalb der Siedetemperatur des entsprechenden Betriebsdrucks liegen, sind somit allein noch kein Beweis dafür, daß die Heizfläche teilweise mit Kondensat überflutet ist.

Schwimmerkondensatableiter mit geschlossener Schwimmerkugel

Schwimmerableiter reagieren augenblicklich auf Mengenänderungen

Sie sind Niveauregler. Störgröße ist die Änderung der zufließenden Kondensatmenge. Mit zunehmender Kondensatmenge steigt das Niveau im Ableitergehäuse, die Schwimmersteuerung verstellt (öffnet) das Stellglied (Abschlußorgane wie Ventil, Schieber, Rollkugel) so weit, bis abfließende und zufließende Menge gleich groß sind und somit das sich neu einstellende Niveau konstant bleibt. Mit abnehmender Kondensatmenge verläuft der Vorgang umgekehrt. Bei Erreichen eines Mindestniveaus ist das Abschlußorgan geschlossen (Abb. 14).

Aufgrund ihres Regelverhaltens reagieren

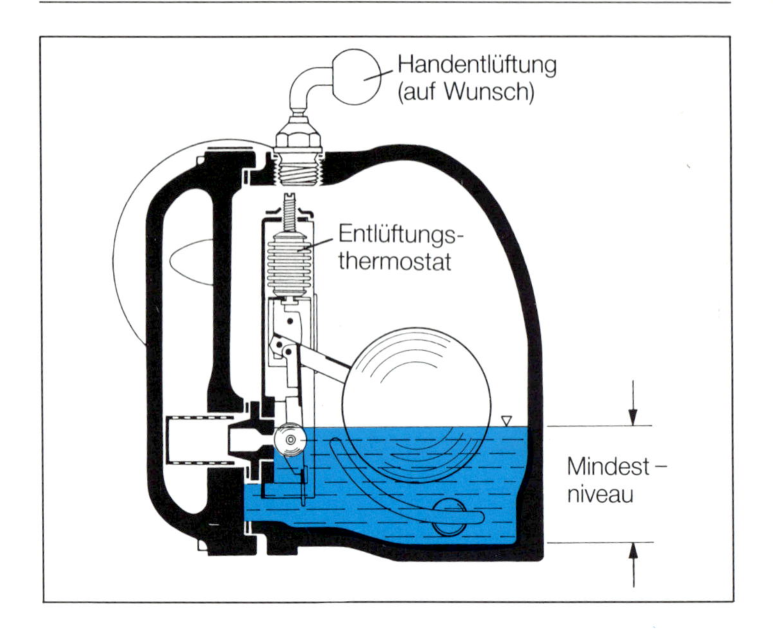

Abb. 14: Wirkungsweise eines Kugelschwimmer-Ableiters

Schwimmerableiter auf veränderten Kondensatanfall augenblicklich. Eine gewollte Nutzung der Kondensatwärme ist nicht möglich. Durch Einhaltung eines Mindestniveaus wird der Austritt von ungenutztem Dampf (Frischdampf) und anderer Gase aus dem Heizsystem verhindert. Zur Entfernung nicht kondensierbarer Gase sind daher Zusatzvorrichtungen erforderlich. Die Einbaulage ist im Gegensatz zu anderen Ableitersystemen vorgegeben.

Schwimmerableiter mit offenem Glockenschwimmer

Glockenschwimmerableiter benötigen Steuerdampf

Diese Ableiter (Abb. 15) sind wie die Ableiter mit geschlossener Schwimmerkugel Niveauregler; Störgröße ist gleichfalls die Änderung der zufließenden Kondensatmenge. Das Stellglied (Ventilabschluß) wird von der

Schwimmersteuerung in Abhängigkeit vom wirksamen Auftrieb beziehungsweise von der Schwerkraft des Glockenschwimmers betätigt.
Je nach Dampf-(Gas-) beziehungsweise Kondensatanteil im Glockenschwimmer befindet sich die in die umgebende Flüssigkeit (Kondensat) eintauchende Glocke in der oberen Schließlage (infolge eines großen Dampf- beziehungsweise Gasanteils in der Glocke überwiegt die Auftriebskraft) oder in der unteren Öffnungslage (aufgrund großen Kondensat- beziehungsweise Flüssigkeitanteils in der Glocke überwiegt die Schwerkraft). Abgesehen von extrem kleinem Kondensatanfall wird das Kondensat intermittierend abgeleitet. Der für die Funktion notwendige Abbau des Dampf-(Gas-)Polsters im Glockenschwimmer erfolgt über eine Steuerbohrung. Entsprechend der hierbei entweichenden Steuerdampfmenge kann der Ableiter auch Gase (Luft) abführen, also entlüften. Es entstehen Dampfverluste je

Abb. 15: Wirkungsweise eines Glockenschwimmerableiters

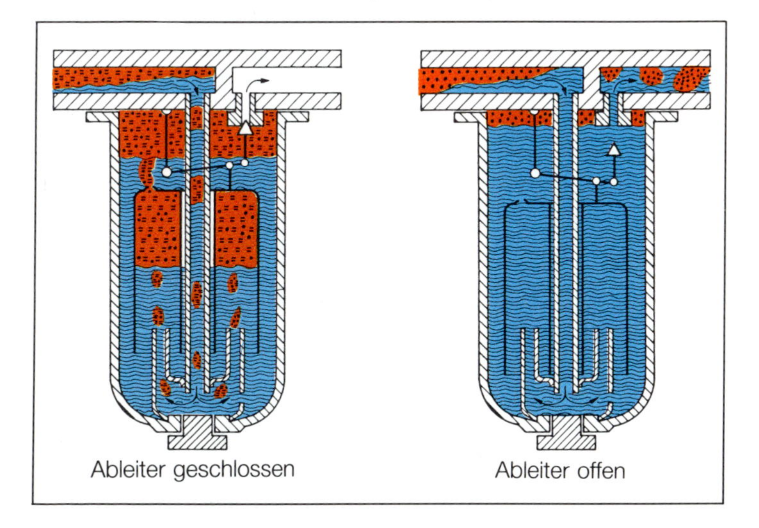

nach Ableitertyp und Betriebsdruck bis zu 1 kg/h. Die Kondensatableitung erfolgt – zumindest bei kleinerem bis mittlerem Kondensatanfall – ohne merkliche Verzögerungen, da hier die Länge der Schließphase zumindest keinen gravierenden Einfluß hat. Die Einbaulage ist wie bei allen Schwimmerableitern vorgegeben.

Thermische Kondensatableiter mit Thermostaten aus Bistahl oder mit Verdampfungsthermostaten

Kondensatableitung mit konstanter Unterkühlung

Beide Ausführungen sind Δt-Regler (Temperaturdifferenzregler). Regelgröße ist die Ablauftemperatur des Kondensats, deren Differenz zur jeweiligen Siedetemperatur bei den verschiedenen Betriebsdrücken möglichst konstant bleiben soll (konstante Unterkühlung). Störgröße ist die Änderung der Unterkühlung, also die Änderung der Differenz zwischen Ablauftemperatur des Kondensats und Siedetemperatur. Nimmt die Unterkühlung zu, öffnet der Thermostat das

Abb. 16a+b: Wirkungsweise eines DUO (BI)-Stahl-Ableiters

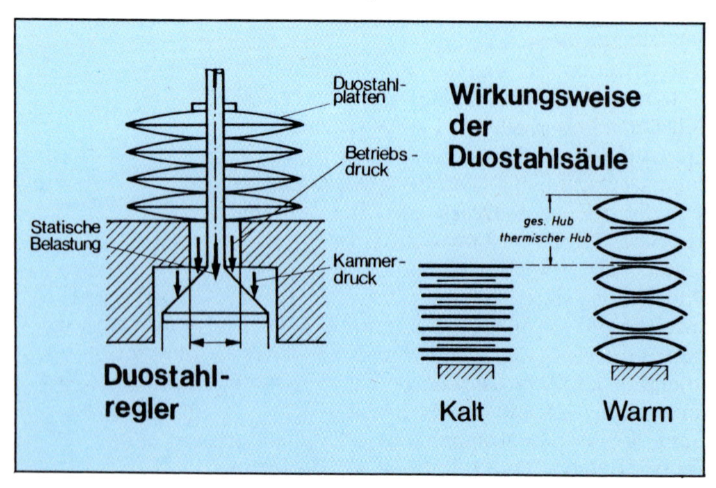

Ventil so lange immer weiter, bis die Unterkühlung des Kondensats konstant bleibt. Mit abnehmender Unterkühlung verläuft der Vorgang umgekehrt. Spätestens bei Unterkühlung = Null, also bei Siedetemperatur (Sattdampftemperatur), ist die Schließstellung des Ventils erreicht. Die Steuerung erfolgt also nicht direkt wie beim Schwimmerableiter über die anfallende Menge, sondern indirekt (mittelbar) über die Größe der Kondensatunterkühlung als Maß für die anfallende Kondensatmenge. Hierbei wird davon ausgegangen, daß mit zunehmender Belastung des Wärmetauschers (verstärkter Kondensatanfall) die Unterkühlung des abfließenden Kondensats größer und mit abnehmender Belastung kleiner wird. Entsprechend verstellt der Thermostat das Ablaßventil (Abb. 16a + b).

Je nach anfallender Menge und Ansprechempfindlichkeit der Thermostaten reicht unter Umständen bereits die allein durch den Kondensationsprozeß bedingte Unterkühlung aus, um das Kondensat verzögerungsfrei abzuleiten (siehe Untersuchungen von Kirschbaum Seite 18).

Die Kriterien für einen guten thermischen Ableiter sind demnach: Geringe notwendige Soll-Unterkühlungen und schnelles Ansprechen auf Änderung der Kondensatunterkühlung, also Öffnungs- und Schließtemperaturen, die bei jedem Druck nahe bei den Siedetemperaturen (Sattdampftemperaturen) liegen.

Ableiter mit Verdampfungsthermostaten sind besonders gute Regler

Die thermischen Ableiter mit Verdampfungsthermostaten (Abb. 17 und 18) kommen in der Regelfähigkeit den Schwimmerableitern am nächsten und decken daher regeltechnisch nahezu alle Bedarfsfälle ab.

Gute thermische Ableiter mit DUO-Stahl-Thermostaten (DUO-Stahl = GESTRA-

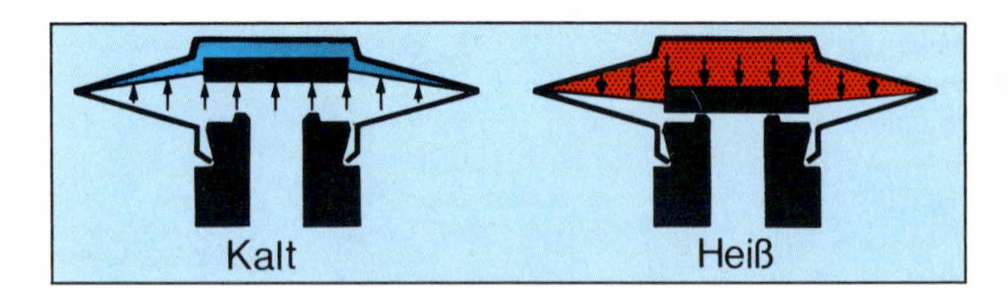

Abb. 17: Wirkungsweise eines Membran-Ableiters

Thermische Ableiter entlüften die Anlage

Markenbezeichnung für Bi-Stahl) sind besonders robust und regeltechnisch ebenfalls für die Mehrzahl der Fälle geeignet.
Luft und andere nicht kondensierbare Gase senken den Partialdruck des Heizdampfes, somit seine Temperatur und folglich die Heizleistung des Wärmetauschers. Die Absenkung der Dampftemperatur bei gleichbleibendem Betriebsdruck führt zum Öffnen des Ventils durch den Thermostaten. Das Dampf-Luft-Gemisch wird über den Ableiter so lange abgeführt, bis die Gemischtemperatur der Schließtemperatur entspricht – der thermische Ableiter wird zum thermischen Entlüfter. Eine separate Entlüftungsvorrichtung wie beim Schwimmerableiter ist nicht erforderlich. Die Einbaulage ist – ein weiterer Vorteil gegenüber Schwimmerableitern –

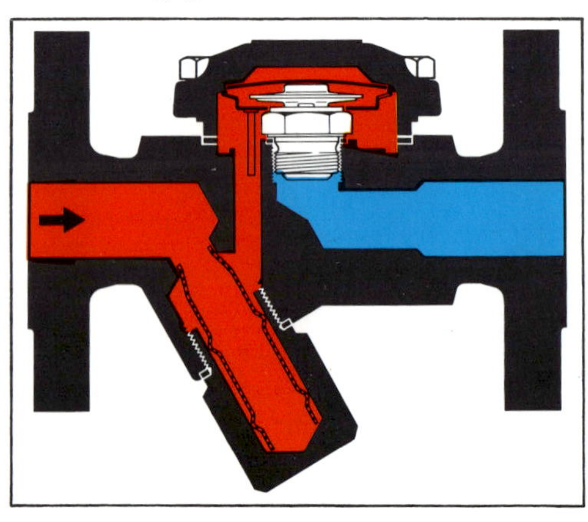

Abb. 18: Schnitt eines GESTRA Membranableiters MK 35/11

beliebig. Falls gewünscht, können größere Kondensatunterkühlungen zur teilweisen Nutzung der Flüssigkeitswärme im Wärmetauscher durch entsprechende Thermostaten erzielt werden.

Thermodynamische Ableiter mit Steuerplatte

Thermodynamische Kondensatableiter sind keine Regler

Im Gegensatz zu den bisher beschriebenen Systemen sind die thermodynamischen Ableiter (Abb. 19) keine Regler. Sie steuern den Kondensatabfluß im wesentlichen in Abhängigkeit vom Zustand des Mediums. Kaltes Kondensat kann den Ableiter ungehindert durchströmen; seine Strömungsenergie hält die Steuerplatte in voller Offenstellung. Nähert sich die Kondensattemperatur der Siedetemperatur, dampft das Kondensat bei Entspannung teilweise aus. Die Strömungsgeschwindigkeit erhöht sich merkbar, dadurch sinkt der Druck unter der Platte (Umwandlung von Druckenergie in Strömungsenergie). Die Platte bewegt sich in Schließrichtung. Gleichzeitig strömt Dampf in die Druckkammer oberhalb der Platte. Der sich dabei einstellende Kammerdruck drückt die Platte auf den Dichtsitz.
Der Ableiter öffnet wieder, wenn der Druck oberhalb der Platte ausreichend abgebaut ist. Dies geschieht durch Kondensation infolge

Abb. 19: Wirkungsweise eines thermodynamischen Ableiters

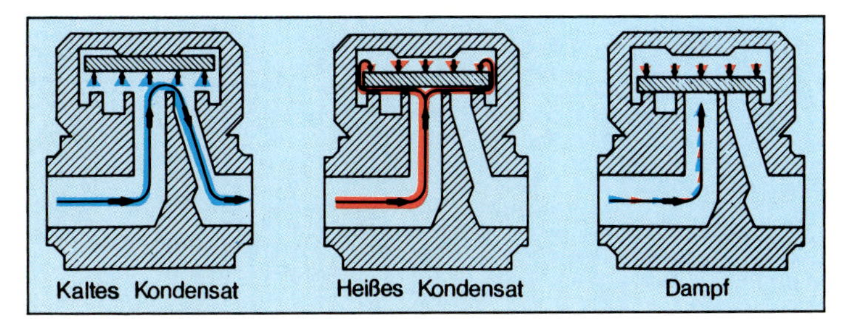

Wärmeabgabe an die Umgebung und durch Entweichen von Dampf und nicht kondensierbaren Gasen (wie zum Beispiel Luft) durch gewollte Undichtigkeit an der Steuerplatte.

Öffnen und Schließen hängen von der Umgebung ab

Ob und wann der Ableiter nach dem Schließen wieder öffnet, hängt also nicht vom Kondensatanfall ab, sondern von den den Ableiter umgebenden Verhältnissen (zum Beispiel Temperatur, Wind, Niederschlag) und von der Qualität der Dichtpartien. Letztere entscheidet auch darüber, ob der Ableiter bei Vorhandensein nicht kondensierbarer Gase überhaupt öffnen kann.
In der Vergangenheit wurde der thermodynamische Kondensatableiter mit Steuerplatte aufgrund seiner einfachen Bauweise und des niedrigen Preises häufig eingesetzt. Bedingt durch seine Arbeitsweise hat er jedoch wegen der modernen thermischen Ableiter an Bedeutung verloren. Diese können von den Einbau- und Anwendungsmöglichkeiten her die thermodynamischen Ableiter voll ersetzen, verursachen aber im Gegensatz zu diesen keine funktionsbedingten Dampfverluste und entlüften die Anlage vorzüglich.

Thermodynamische Ableiter mit starren Düsensystemen

Düsenableiter sind modifizierte Blenden

Düsenableiter (Abb. 20) sind modifizierte Blenden. Durch Druckabsenkung im Düsensystem findet, falls die Kondensattemperatur höher als die zum Gegendruck gehörende Siedetemperatur ist (zum Beispiel bei Atmosphärendruck größer als 100 °C), entsprechend dem Wärmeüberschuß eine Ausdampfung des Kondensats statt. Bei heißem Kondensat (> 100 °C) muß also die Düse Kondensat und Entspannungsdampf ableiten. Das gemeinsame Volumen ist naturgemäß

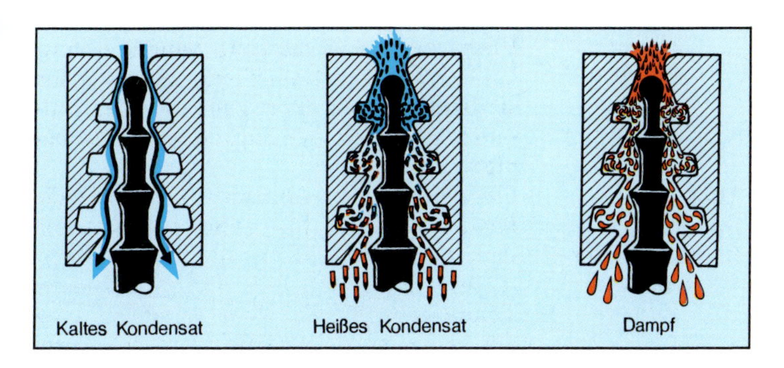

Abb. 20: Wirkungsweise der GESTRA Stufendüse

größer als das von kaltem Wasser, aber kleiner als das von Frischdampf allein. Daraus ergibt sich bei gleichem Differenzdruck und gleichbleibendem Querschnitt:

- Größter Massendurchfluß bei kaltem Kondensat;
- kleinster Massendurchfluß bei Dampf.

Empfehlenswerter Einsatz nur bei konstanten Mengen und Drücken

Die Steuerung des Kondensatabflusses erfolgt hier also ähnlich wie bei thermischen Ableitern in Abhängigkeit von der Kondensattemperatur, ohne daß der Abflußquerschnitt verändert wird. Im Vergleich zu thermischen Ableitern ist die Reaktion auf Temperaturänderungen naturgemäß gering. Bei Null-Last (kein Kondensatanfall) beträgt der Dampfdurchfluß (Frischdampfverlust) beispielsweise bei einem Betriebsüberdruck von 5 bar und einem Gegendruck entsprechend Atmopshärendruck bis zu 9 %, bezogen auf den maximal möglichen Heißwasserdurchfluß. Bezogen auf den maximalen Kaltwasserdurchfluß beträgt der Dampfdurchfluß immerhin noch ca. 4 %.
Aufgrund der beschriebenen Wirkungsweise ist der Einsatz von Düsenableitern nur bei extrem konstanten Betriebsverhältnissen (Druck, Menge) vertretbar.

Das moderne Kondensatableiter-konzept

Der vorhergehende Teil behandelte die Vorzüge der Dampfheizung und zeigte außerdem, welche Bedeutung ein Kondensatableiter für den wirtschaftlichen und störungsfreien Ablauf des Heizprozesses hat und welche Eigenschaften er dafür besitzen sollte. Es wurde die Wirkungsweise der einzelnen Ableitersysteme mit ihren Stärken und Schwächen beschrieben. Als Schlußfolgerung kann gelten: Es gibt kein Ableitersystem, das für alle Betriebsfälle gleich gut geeignet ist. Je nach Betriebsfall bietet das eine oder das andere System die bessere Lösung. Die verschiedensten und unterschiedlichsten Entwicklungsstufen und -richtungen im Laufe von mehr als hundert Jahren führen letzten Endes zum gleichen Ergebnis:

Kein optimales Ableitersystem für alle Betriebsfälle

Beim heutigen Stand der Technik braucht in keinem Fall auf eine dampfverlustfreie Kondensatableitung verzichtet zu werden. Im Gegenteil, mit entsprechenden Ableiterkonzepten läßt sich zusätzlich noch Kondensatwärme für Heizzwecke nutzen und damit Dampf sparen. Es ergeben sich vielseitige Forderungen an den Ableiter:

Vielseitige Forderungen an den Ableiter

- Dampfverlustfreie Ableitung,
- staufreie Ableitung in dem einen Fall zur Erreichung der optimalen Heizleistung,
- bewußter Kondensatstau in dem anderen Fall zur Reduzierung des Dampfbedarfs,
- Unempfindlichkeit gegen Schmutz, denn Kondensat kann Korrosionsrückstände (zum Beispiel Magnetit) enthalten,

- verschleißfestes Abschlußorgan, denn das gesamte Druckgefälle des Dampf-/Kondensatsystems wird in ihm abgebaut,
- in jedem Fall Möglichkeit der Kontrolle und Wartung, denn der Kondensatableiter ist die höchstbeanspruchte Armatur im Dampf-Kondensatnetz,
- Reparaturmöglichkeit direkt in der Anlage (ohne Ausbau), denn sie spart Kosten und bietet erhöhten Anreiz zur regelmäßigen Kontrolle und Wartung.

Damit sind die wichtigsten Punkte für die Gestaltung und Auswahl eines Kondensatableiters nochmals genannt. Ihre strikte Beachtung ohne Einschränkung erfordert Kondensatableiter, die als Regler fungieren: Schwimmerkondensatableiter mit Kugelschwimmer und thermische Kondensatableiter mit Bistahl- (Duostahl-) Thermostaten und Verdampfungsthermostaten. Einige derart regelnde Kondensatableiter, die den aufgezeigten Forderungen vorbildlich entsprechen, werden nachfolgend kurz beschrieben.

Schwimmerableiter mit Kugelschwimmer und Rollkugelabschluß

Automatische Entlüftung durch Duplexsteuerung

Als Abschluß dient eine reibungsarme Rollkugel, die über eine entsprechende Übertragungsvorrichtung einmal von einem Schwimmer und zum anderen durch einen Faltenbalgthermostaten (Verdampfungsthermostaten) betätigt wird. Mit dieser Duplexsteuerung wird der Abschluß normalerweise durch den Schwimmer in Abhängigkeit von dem im Ableitergehäuse vorhandenen Kondensatniveau gesteuert (Abb. 21).
Die Höhe des Kondensatniveaus ist wiederum abhängig von der anfallenden Kondensatmenge. Herrscht im oberen Teil des Ab-

leitergehäuses eine Temperatur unterhalb der Sattdampftemperatur bei dem entsprechenden Druck (dies ist zum Beispiel bei Vorhandensein von Luft der Fall), spricht der Thermostat an und zieht die Dichtkugel nach oben in Offenstellung. Dadurch fließt zunächst das Kondensat aus dem Ableiter, so daß anschließend das Dampf-Luft-Gemisch abströmen kann. Kurz vor Erreichen der Sattdampftemperatur – also dann, wenn die Entlüftung erfolgt ist – schließt der Thermostat das Abschlußorgan wieder. Dann arbeitet der Ableiter wie ein »normaler« Schwimmerableiter allein mit der Schwimmersteuerung. Der reibungsarme Rollkugelabschluß ermöglicht, bezogen auf das Durchsatzvermögen, relativ kleine Reglerabmessungen bei entsprechend kleinem Gesamtvolumen des Ableiters. Hierbei ist der gerade Durchgang mit DIN-Baulänge (ISO-Baulänge) be-

Abb. 21: GESTRA Schwimmer-Ableiter UNA 2

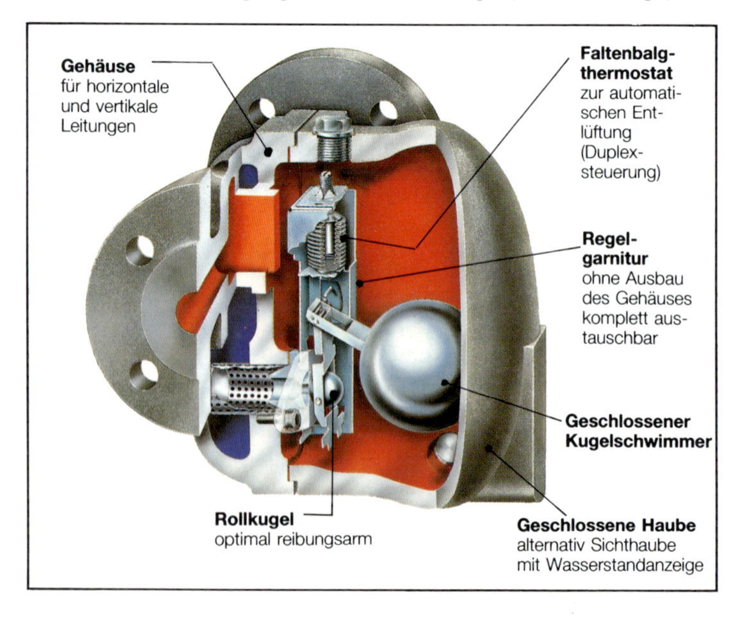

sonders vorteilhaft. Beides zusammen ermöglicht den problemlosen Austausch mit anderen Ableitersystemen, insbesondere mit thermischen Ableitern.

Für jede Ableitungsaufgabe geeignet

Aufgrund ihrer Funktion eignet sich diese Baureihe für jede Ableitungsaufgabe auch dann, wenn das Kondensat staufrei, also ohne Unterkühlung, abgeleitet werden muß. Dies ist zum Beispiel bei geregelten Anlagen erforderlich. Ihre Arbeitsweise ist unabhängig vom Gegendruck. Sie arbeitet problemlos auch bei extremen Mengen- und Druckschwankungen und auch im Vakuumbereich. Wie bei jedem Schwimmerableiter ist allerdings die Einbaulage vorgegeben, je nach Modell für waagerechten oder senkrechten Einbau.

Schwimmerableiter mit Glockenschwimmer

Einfach im Aufbau und wartungsfreundlich

Der im oberen Gehäuseteil angeordnete Ventilabschluß wird über einen Glockenschwimmer betätigt. Diese Ausführung zeichnet sich durch ihren einfachen Aufbau und ihre Unempfindlichkeit gegenüber Wasserschlägen aus. Entsprechend der Steuerdampfmenge (je nach Betriebsdruck 0,5 bis 1 kg/h) entlüftet der Ableiter die Anlage in begrenztem Umfang. Er eignet sich für Sattdampfanlagen mit kleinerem bis mittlerem Kondensatanfall, wobei der durch den Steuerdampf entstehende Wärmeverlust allerdings in Kauf genommen werden muß. Ableiter mit Glockenschwimmer sind nicht für den Einsatz in Systemen mit überhitztem Dampf geeignet, da hier die für die Funktion notwendigen Wasservorlagen verdampfen können (Abb. 22).

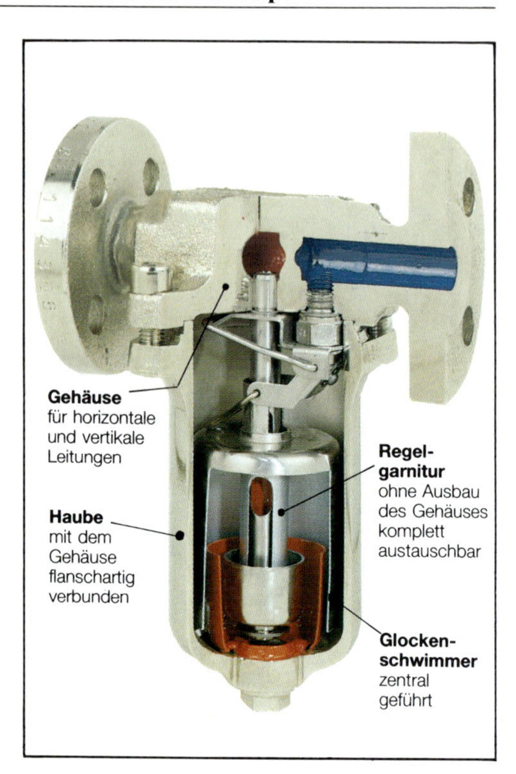

Abb. 22: GESTRA Glocken-schwimmer-Ableiter UNITA 26

Duo-Kondensomaten mit Duostahl-(Bistahl-) Thermostaten als Regelorgan

Öffnen und Schließen kurz unterhalb der Sattdampf-temperatur

Der Thermostat beginnt das Ventil (Stufendüse) zu öffnen, wenn im Ableiter die Kondensattemperatur im Mittel 10 K unter der Siedetemperatur liegt. Er schließt das Ventil bei einer Kondensattemperatur kurz unterhalb der Sattdampftemperatur. Dadurch erfolgt die Kondensatableitung bei Auslegung entsprechend den jeweiligen Leistungsdiagrammen praktisch ohne Stau und ohne Dampfverluste.

Aufgrund des Funktionsprinzips ist dieser

Ableitertyp besonders robust und unempfindlich, auch gegenüber Wasserschlägen. Außerdem hat das Abschlußorgan Rückschlagwirkung. Regler und Gehäuse können nicht zerfrieren. Ein weiterer Vorteil sind die korrosionsbeständigen Innenteile (Abb. 23). Dieser Typ ist aufgrund der geschilderten Eigenschaften seit Jahrzehnten eine der am häufigsten eingesetzten Ableiterausführungen, wobei er sich zum Beispiel in Heizbegleitsystemen (Tracing) und bei anderen Kleinwärmetauschern besonders bewährt hat. Die spezielle thermische Entlüftung von Wärmetauschern aller Art ist ein weiteres interessantes Einsatzgebiet.

Besonders bewährt bei Heizbegleitleitungen und Kleinwärmetauschern

Soll und kann das Kondensat mit größerer Unterkühlung zur teilweisen Ausnutzung der Kondensatwärme abgeleitet werden, ist dies durch entsprechende Einstellung des Reglers möglich.

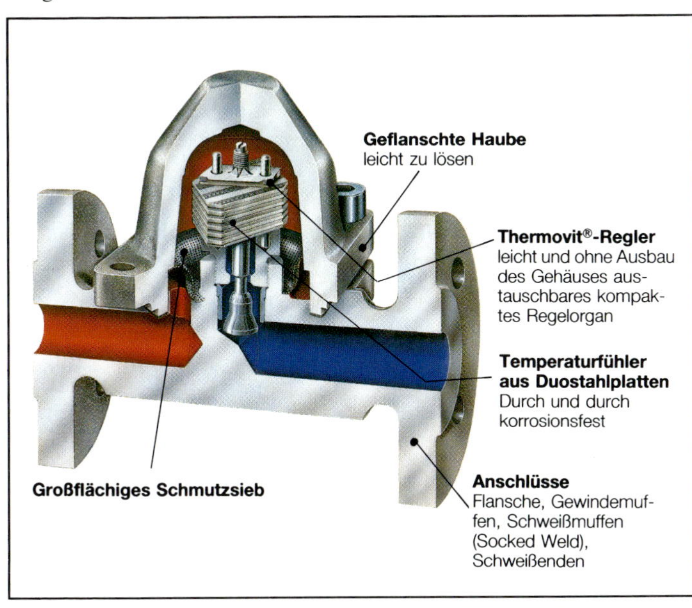

Abb. 23: GESTRA DUO-Kondensomat BK 15

Kondensomaten mit Membranregler als Verdampfungsthermostat

Beste Regeleigenschaften

Der »Normal«-Thermostat beginnt, wie bei den Duostahl-Kondensomaten, das Ventil zu öffnen, wenn die Kondensattemperatur im Ableiter im Mittel 10 K unter der Siedetemperatur liegt. Bei geringfügiger weiterer Kondensatunterkühlung ist das Ventil praktisch voll geöffnet und bei geringfügigem Temperaturanstieg geschlossen.

Schwimmerableiter sind ersetzbar

Die hieraus resultierende Regelgenauigkeit wird daher von keiner anderen thermischen Baureihe übertroffen; sie kommt der Regelfähigkeit der Schwimmerkondensatableiter am nächsten und kann diese daher in vielen Fällen unproblematisch ersetzen. Hierbei ist dann zu berücksichtigen, daß sie bei gleichem Leistungsvermögen merklich kleiner und dementsprechend preiswerter sind. Sie arbeiten uneingeschärnkt in jeder Einbaulage, wobei die Funktion wie bei Schwimmerableitern vom Gegendruck nicht beeinflußt wird. Sie entlüften die Anlage selbsttätig und

Abb. 24: GESTRA Kondensomat mit Regelmembran MK 35/11

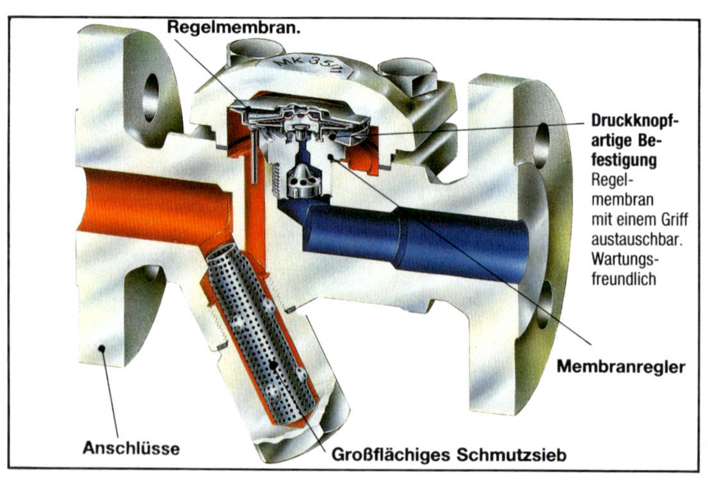

können auch als spezielle thermische Entlüfter verwendet werden (Abb. 24).

Membranen für schwierige Fälle

Für eine gewünschte Kondensatunterkühlung von 30 K gibt es »Unterkühlungs«-Membranen. Für besonders diffizile Heizvorgänge gibt es »H«-Membranen, die das Kondensat bereits dann abführen, wenn seine Temperatur im Mittel nur um 5 K unter der Siedetemperatur liegt. Für die Ableitung extrem großer Kondensatmengen stehen spezielle Ableiterausführungen zur Verfügung. Bei diesen dienen die Thermostaten lediglich zur Vorsteuerung. Je nachdem, ob sie offen oder geschlossen sind, bauen sie in der Steuerkammer einen Druck auf beziehungsweise ab. Hierbei wird mit Hilfe einer Hubplatte das Hauptventil geöffnet beziehungsweise geschlossen.

Kondensat-Ablauftemperaturbegrenzer

Diese Geräte sind mit Duostahl-Reglern ausgerüstet, die die Ableitung des Kondensats

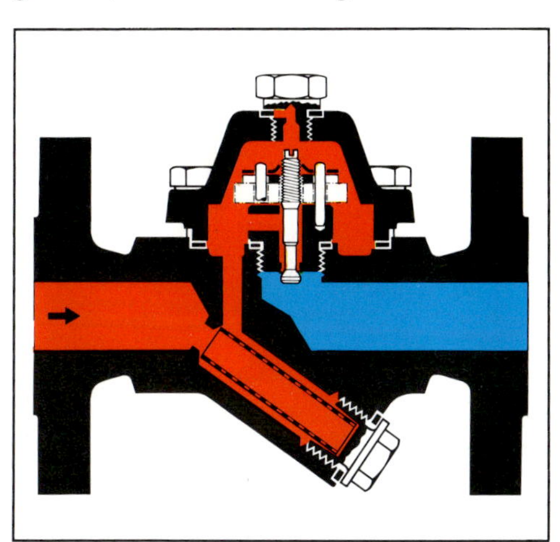

Abb. 25: GESTRA Kondensat-Ablauftemperaturbegrenzer UBK 26

Kondensatableitung bei konstanten Temperaturen

mit konstanter Temperatur ermöglichen. Bei Werkseinstellung fließt das Kondensat mit Temperaturen unter 100 °C ab (zum Beispiel bei 16 bar Betriebsüberdruck mit 85 °C). Andere gewünschte Ablauftemperaturen lassen sich problemlos einstellen. Bevorzugte Einsatzgebiete sind unter anderem Heizbegleitleitungen, bei denen die Stockpunkte der warmzuhaltenden Produkte unter 100 °C liegen und das Kondensat ungenutzt abfließt. Ein anderes bevorzugtes Einsatzgebiet ist die Instrumentenbeheizung, wo häufig niedrige Temperaturen erforderlich sind (Abb. 25).

Stufendüsen-Kondensatableiter

Diese gehören zu der Gruppe der thermodynamischen Ableiter mit starren Düsen. Als Steuerorgan dient die GESTRA Stufendüse. Hier sind mehrere Düsen hintereinandergeschaltet. Durch die Stufendüse fließt bei gleichbleibenden Querschnitten ein Mehrfaches an kaltem Wasser (Massenstrom) als an

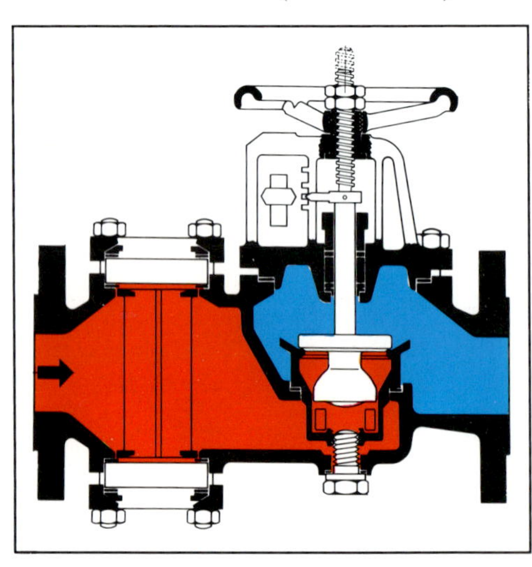

Abb. 26: GESTRA Superkondensomat mit Stufendüse GK

siedend heißem. Bei mittleren Drücken ist der Durchfluß von kaltem Wasser etwa dreimal so groß wie der von siedend heißem. Fällt überhaupt kein Kondensat an (Dampfgehalt x = 1), dann beträgt der Dampfdurchfluß ca. 4 %, bezogen auf den Kaltwasserdurchfluß.

Optimale Anpassung an Betriebsverhältnisse

Die Querschnitte der Stufendüse können durch die vorhandene Einstellvorrichtung den jeweiligen Betriebsverhältnissen optimal angepaßt werden. Der Einsatz der Stufendüsenableiter erfolgt heute vorzugsweise für sehr große Kondensatmengen bei extrem niedrigen Drücken, zum Beispiel an Verdampfern und Kochern in Zuckerfabriken (Abb. 26).

Bewährt als Stellglied für extreme Druckgefälle

Vorteilhaft ist ihre Verwendung aber auch bei extrem hohen Druckgefällen als besonders verschleißfestes und geräuscharmes Stellventil zum Beispiel für Entwässerungs- und Anwärmvorrichtungen in Wärmekraftwerken. Aufgrund dieser positiven Eigenschaften finden sie in zunehmendem Maße

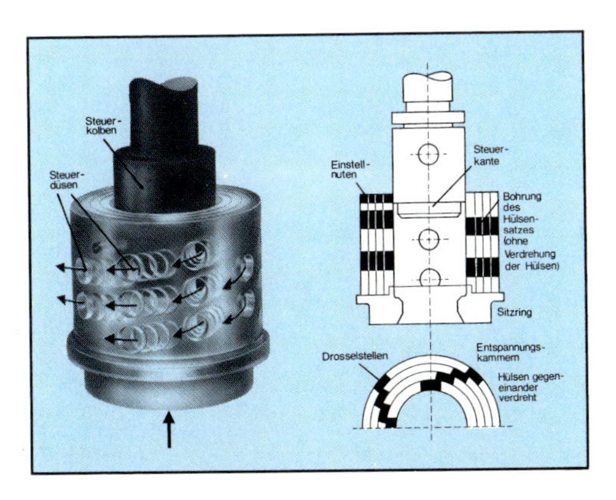

Abb. 27: GESTRA Radialstufendüse für Stellventil ZK

auch als Einspritzventile, Mindestmengenregelventile, Anfahrventile und für ähnliche Aufgaben mit sehr hohem Druckgefälle Ver-

wendung. Zur Verbesserung der Regelfähigkeit ist hier das Steuer- und Abschlußorgan als sogenannte Radialstufendüse ausgebildet. Sie besteht aus einer Vielzahl parallel und hintereinander geschalteter, auf übereinandergesteckten Buchsen radial angeordneter Düsen. Mengensteuerung und Abschluß erfolgen durch einen Kolben. Dieser ist dadurch besonders verschleißfest, daß Dichtfläche und Steuerkante voneinander getrennt sind (Abb. 27).
Für den höheren Druckbereich über PN 160 besitzen diese Stellventile eine Doppelabsperrung, einen Tandemabschluß. Hier ist dem eigentlichen Steuerorgan ein zusätzlicher Dichtsitz vorgeschaltet, der erst öffnet, wenn der Steuerkolben bereits einen Mindesthub durchlaufen hat – eine weitere verschleißmindernde Maßnahme.

Dampfsparende Maßnahmen

Wahl des zweckmäßigsten Kondensatableiters

Am Anfang aller Maßnahmen, den Dampfbedarf auf das mögliche Mindestmaß zu reduzieren, steht die Wahl des zweckmäßigsten Kondensatableiters. Hier sind zwei Gruppen zu unterscheiden:

a) Ableiter, die den Kondensatfluß so regeln, daß in keiner Arbeitsphase Dampfverluste entstehen. Zu dieser Gruppe gehören die Schwimmerableiter mit geschlossener Schwimmerkugel und alle thermischen Ableiter, sowohl die mit Bistahl-Steuerung als auch die mit Verdampfungsthermostaten.
b) Ableiter, die zur Regelung beziehungsweise Steuerung des Kondensatabflusses Steuerdampf benötigen. Hierzu gehören die Schwimmerableiter mit Glockenschwimmer und die thermodynamischen Kondensatableiter aller Bauarten.

Die Beeinflussung des Dampfbedarfs durch das Funktionsprinzip des Ableiters zeigt folgendes Beispiel:

Steuerdampf kann erhebliche Kosten verursachen

Ein Glockenschwimmerableiter benötigt bei mittleren Drücken (etwa 10 bar) eine Steuerdampfmenge bis zu 1 kg/h. Bei einem durchschnittlichen Dampfbedarf von 10 kg/h an der Einbaustelle entspricht die Steuerdampfmenge von 1 kg/h einem Dampfverlust von 10 %! Bei 24 h-Betrieb (rund 8 000 Stunden pro Jahr) macht der jährliche Verlust eines derartigen neuwertigen Ableiters 8 000 kg (8 t) aus. Bei einem angenommenen Dampfpreis von 40,– DM/t beträgt somit der allein durch die Funktion bedingte Dampfverlust

320,– DM pro Jahr und Ableiter. Dies sind zusätzliche Betriebskosten gegenüber Ableitern, die das Kondensat dampfverlustfrei abführen.

Kondensatunterkühlung spart Dampf

Werden thermische Ableiter eingesetzt, die das Kondensat mit einer Unterkühlung von 30 K abführen, sinkt der theoretische Dampfbedarf um rund 6 % (bei 10 bar), das heißt in dem Beispiel um 0,6 kg/h. Verglichen mit dem Glockenschwimmerableiter reduziert sich dann der Gesamtbedarf um 1,6 kg/h; das sind pro Jahr 12,8 t und entspricht einem Geldwert von 512,– DM pro Jahr, um den die Betriebskosten je Einbaustelle und Jahr im Vergleich zu einem Glokkenschwimmerableiter sinken.

Ableiterpreis kein allein entscheidendes Auswahlkriterium

Dieses Ergebnis führt zu dem Schluß, daß bei der Wahl eines Ableiters der Anschaffungspreis kein allein entscheidendes Kriterium sein kann. Aber auch eventuell notwendige Kosten für Wartung und Reparatur sind im Zusammenhang mit den funktionellen Eigenschaften zu sehen. Das Versprechen, ein nicht wartbarer und nicht reparabler Glokkenschwimmerableiter funktioniere garantiert drei Jahre ohne jede Beanstandungen, kostet im Vergleich zu einem thermischen Ableiter, der das Kondensat unterkühlt abführt, entsprechend vorhergehendem Beispiel 3 x 512,– DM/Jahr = 1 536,– DM für drei Jahre.

Selbst wenn der thermische Ableiter zur Aufrechterhaltung der erwarteten Arbeitsweise in diesem Zeitraum mit einem Gesamtaufwand von drei Stunden (3 h á 80,– DM = 240,– DM) kontrolliert und gewartet werden müßte, ergäbe sich immer noch eine Einsparung an Betriebskosten von ≈ 1 300,– DM in drei Jahren.

Das durchaus realistische Beispiel zeigt:

- Der sogenannte wartungsfreie Kondensatableiter ist unter Umständen eine teuer erkaufte Fiktion.

- Regelmäßige Kontrolle und Wartung lohnen sich immer. Zumindest bei kleinerem und mittlerem Kondensatanfall und Betriebsdrücken bis etwa 20 bar gibt es Kontrollmethoden, die Ableiter mit Dampfverlusten $\geqq$ 2 kg/h zu erkennen.

Regelmäßige Ableiterkontrolle und Wartung lohnen sich

Der Einfachheit halber wurde davon ausgegangen, daß die Kontrolle und Wartung eines Ableiters für Drücke bis PN 40 und Kondensatmengen bis 100 kg/h durchschnittlich 150,– DM kostet. Dieser Wert beinhaltet die Kontrolle sämtlicher Ableiter sowie Wartung und Reparatur der als nicht einwandfrei erkannten Ableiter mit Dampfverlusten
$\geqq$ 2 kg/h.

Der Aufwand amortisiert sich bei einem Dampfpreis von 40,– DM/1 000 kg demnach bei verhinderten Dampfverlusten von

$$\frac{150 \cdot 1\,000}{4} = 3\,750 \text{ kg}$$

Bei einem Dampfverlust von 2 kg/h beträgt die Amortisationszeit

$$\frac{3\,750}{2} = 1\,875 \text{ h.}$$

Es ergeben sich folgende Amortisationszeiträume:

Bei 8 h-Betrieb

$$\frac{1\,875 \text{ h}}{8} =$$

234 Arbeitstage ≈ 1 Arbeitsjahr
Wirtschaftlicher Kontroll- und Wartungszeitraum: **Etwa alle 2 Jahre**

Bei 16 h-Betrieb

$$\frac{1\,875\text{ h}}{16} =$$

117 Arbeitstage ≈ 1/2 Arbeitsjahr
= 6 Monate
Wirtschaftlicher Kontroll- und Wartungszeitraum: **Jährlich**

Bei 24 h-Betrieb

$$\frac{1\,875\text{ h}}{24} =$$

78 Arbeitstage ≈ 1/3 Arbeitsjahr =
4 Monate
Wirtschaftlicher Kontroll- und Wartungszeitraum: **Halbjährlich**

Methoden zur Ableiterkontrolle

Die klassische Kontrolle ist die mit Schaugläsern. Schwimmerableiter lassen sich mit üblichen Reflexionswasserständen, die in die Gehäusehauben integriert sind, überwachen. Sie machen den jeweiligen Wasserstand im Ableiter sichtbar. Wird der gekennzeichnete niedrigste Wasserstand unterschritten, muß mit Dampfverlusten gerechnet werden. Überschreiten des maximalen Wasserstandes läßt darauf schließen, daß der Ableiter entweder zu klein dimensioniert, extrem stark verschmutzt oder defekt ist.
Separate Schaugläser, speziell für die Ableiterkontrolle entwickelt, werden vor dem Ableiter auf der Hochdruckseite installiert.
Das GESTRA VAPOSKOP ist eine seit Jahrzehnten bewährte Kontrollvorrichtung (Abb. 28a). Kondensat und eventuell austretender Frischdampf müssen in der Zuströmachse die Wasservorlage an der Umlenkrippe

Seit Jahrzehnten als Schauglas bewährt

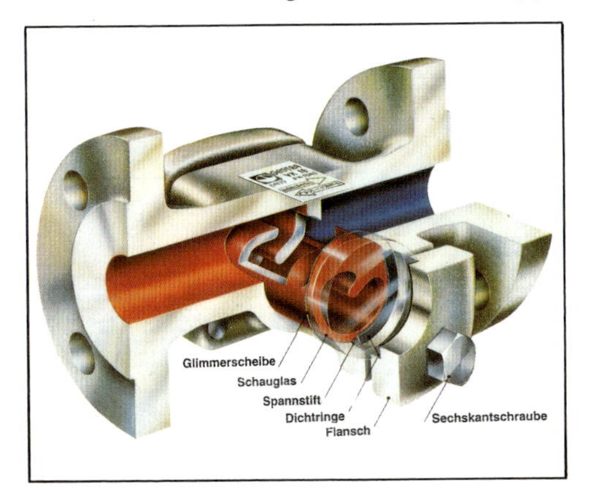

Abb. 28a: GESTRA VAPOSKOP

passieren. Dampf als spezifisch leichteres Medium drückt dabei den Kondensatspiegel nach unten. Die Arbeitsweise des Ableiters ist aus den unterschiedlichen Schaubildern ersichtlich (Abb. 28b+c+d). Sie stellen dar: Normalarbeitsweise, Kondensatrückstau beziehungsweise Dampfdurchschlag des Ableiters.

Abb. 28b+c+d: Schaubildanzeige des VAPOSKOPS

Schwachpunkte derartiger Kontrollvorrichtungen sind die Gläser. Sie werden »blind«, beispielsweise durch sich absetzende Korrosionspartikel oder durch einen zu hohen Laugengehalt des Kondensates (pH $\geqq$ 10). Letzteres kann sogar zur Zerstörung der Gläser führen. Der Einsatz derartiger Kontrollgläser bleibt daher im wesentlichen auf Betriebsfälle mit einwandfreiem Kondensat beschränkt.

In neuerer Zeit werden nach dem Vaposkopprinzip gestaltete, aber völlig geschlossene Kontrollvorrichtungen angeboten. Das Glas wird sozusagen durch eine Wasserstandselektrode ersetzt. Diese macht auf einem Anzeigegerät sichtbar, ob sich vor der Trennnase Wasser befindet (Ableiter arbeitet einwandfrei = keine Dampfverluste), oder ob das Wasser durch ausströmenden Dampf verdrängt ist (Ableiter ist defekt = Dampfverluste). Kondensatstau wird allerdings nicht angezeigt. Um zu praktikablen Aussagen zu kommen, ist erst eine Anzeige ab einem Mindestdampfverlust möglich. Bei dem GESTRA VAPOTRON werden zum Beispiel bei einem Betriebsüberdruck von 5 bar Dampfverluste ab etwa 2 kg/h angezeigt.

Eine häufig angewendete Methode zur Ableiterkontrolle ist die Messung des Körperschalls im Ultraschallbereich, wie er insbesondere beim Strömen von Dampf entsteht. Bei dem GESTRA VAPOPHONE (Abb. 29) werden die mechanischen Ultraschall-

Einfache Kontrolle mittels Ultraschall

Schwingungen des Ableitergehäuses durch den Schallaufnehmer in elektrische Signale umgewandelt und im Meßgerät verstärkt und angezeigt.
Das VAPOPHONE hat seine größte Empfindlichkeit im Frequenzbereich von 40 bis 60 kHz. Gegen Umgebungsgeräusche im hörbaren Bereich ist es unempfindlich. Bei zweckmäßiger Dämpfung der Verstärkung befindet sich der Zeiger des Anzeigegerätes bei einwandfreiem Ableiter in der Nähe des Nullpunktes, bei Dampfverlusten schlägt der Zeiger auf mehr oder weniger hohe Werte aus. Entsprechende Erfahrungen vorausgesetzt, lassen sich bei Betriebsdrücken bis etwa 20 bar und Kondensatmengen bis etwa 30 kg/h Ableiter mit Dampfverlusten ab etwa 2 kg/h mit einiger Sicherheit herausfinden.
Die Kontrolle mittels Ultraschallmessung hat den Vorteil, daß sie ohne zusätzlichen apparativen und ohne jeden Installationsaufwand mit geringstem Zeitaufwand durchgeführt werden kann.
Dampfeinsparungen einmal durch Wahl des für den jeweiligen Bedarfsfall zweckmäßigsten Ableiters (den optimalen Einheitsablei-

Abb: 29: GESTRA VAPOPHONE

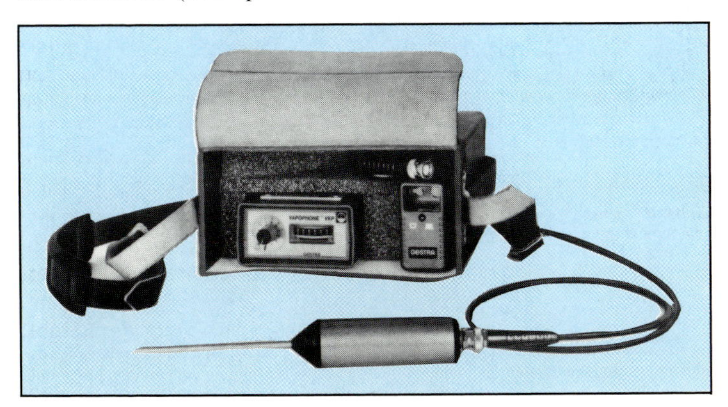

ter gibt es nicht!) sowie durch regelmäßige Kontrolle und Wartung verursachen praktisch keinerlei zusätzliche Kosten über den normalen betrieblichen Rahmen hinaus. Die einzigen Investitionen sind im Grunde der notwendige Zeitaufwand für einmalige Zuordnung der Ableiter-Ausführungen zu den einzelnen Einbaustellen und die Festlegung des organisatorischen Ablaufs für Kontrolle und Wartung.

Frischdampf sparen durch Nutzung der Kondensatwärme

Weitere Einsparungen an Frischdampf, die über die Möglichkeiten des Kondensatableiters hinausgehen, liegen in der Nutzung der noch im Kondensat enthaltenen Flüssigkeitswärme.

Wie aus der nachfolgenden Tabelle ersichtlich, sind im Kondensat bei höheren Drükken noch rund 1/3, bei niedrigeren Drücken immerhin noch mehr als 1/5 der im Dampferzeuger aufgebrachten Gesamtwärme (Flüssigkeitswärme bei Siedetemperatur + Verdampfungswärme) enthalten.

Betr.-überdruck bar	Siedetemperatur °C	Wärmeinhalt d. Dampfes kJ/kg	Wärmeinhalt d. Kondens. kJ/kg	Anteil d. Kond.-wärme %	Wärmeanteil d.* Entsp.-dampfs %
40	252	2800	1095	39,1	24,2
32	239	2803	1034	36,9	22,0
20	215	2800	920	32,9	18,0
16	204	2795	872	31,2	16,3
13	195	2790	830	29,7	14,8
8	175	2774	743	26,8	11,8
5	159	2757	671	24,3	9,2
3	144	2738	604	22,1	6,8
0	100	2675	417	15,6	0,0

* bei Entspannung bis auf Atmosphärendruck

Die Nutzung der gesamten Kondensatwärme in einem einzigen Schritt, zum Beispiel als Speisewasser für den Dampferzeuger, ist in der Regel nicht praktikabel. Das Kondensat müßte dann mit vollem Heizdruck (Betriebsdruck) in den Dampferzeuger eingespeist werden, wie es teilweise bei Niedrigstdruck-Dampfheizungsanlagen (Betriebsüberdruck < 0,5 bar) tatsächlich erfolgt. In allen anderen Fällen wird der Druck hinter dem Wärmetauscher entweder in einer einzigen oder in mehreren Stufen praktisch auf Atmosphärendruck abgesenkt. Dabei reduziert sich der Wärmeinhalt des Kondensats zum Beispiel bei einer Druckabsenkung von 16 bar Überdruck auf 0 bar Überdruck von 872 kJ/kg auf 417 kJ/kg. Die überschüssige latente Wärme von 872 − 417 = 455 kJ/kg führt dazu, daß ein Teil des entspannten Kondensats verdampft.

Bezogen auf die Masse entstehen im vorliegenden Beispiel ≈ 20 % Entspannungsdampf. Ohne besondere Maßnahmen geht der Entspannungsdampf als Gas zum größten Teil ungenutzt »in die Luft«, wobei sich Wärmeverluste je nach Betriebsdruck entsprechend der Tabelle ergeben.

Nutzung des Entspannungsdampfes spart Frischdampf

Bei Vorhandensein von Heizsystemen mit unterschiedlichen Drücken wird der Entspannungsdampf zweckmäßig den niedereren Druckstufen zugeleitet. Im gleichen Umfang, wie der Entspannungsdampf genutzt wird, sinkt der Bedarf an Primärwärme beziehungsweise an Frischdampf.

Reduzierte Wasser- und Brennstoffkosten

Die Verwendung des Kondensats als Speisewasser sollte soweit wie möglich zum Grundsatz werden. Nicht wiederverwendetes, in den Kanal fließendes Kondensat führt in mehrfacher Hinsicht zu höherem Aufwand:

- Die Kühlung des Kondensats auf umweltverträgliche Temperaturen kostet Kühlwasser und Kühlleistung,
- Speisewasser aus Rohwasser erfordert Wasser- und Aufbereitungskosten und zusätzliche Heizkosten durch erhöhten Wärmebedarf.

Nicht selten wird auf die Wiederverwendung

Abb. 30: GESTRA Öl- und Trübungsmelder

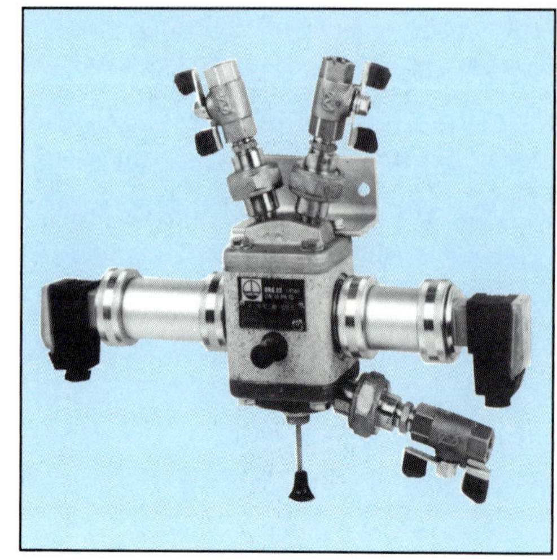

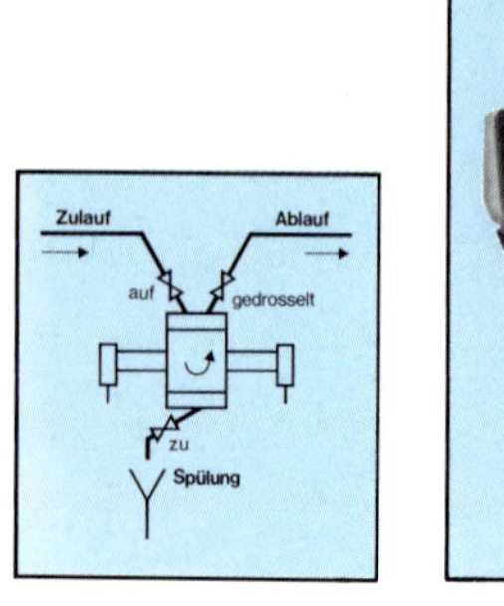

Überwachung der Kondensatbeschaffenheit ist nützlich

des Kondensats verzichtet, weil die Gefahr der Kondensatverschmutzung durch Produkteinbrüche besteht. In derartigen Fällen bewährt sich die Überwachung des Kondensatnetzes mit elektronisch arbeitenden Öl- und Trübungsmeldeanlagen. Sie (Abb. 30) zeigen und melden zuverlässig Einbrüche von Schadstoffen, wie zum Beispiel von Öl und sonstigen Kohlenwasserstoffen, von Säuren, Laugen und Rohwasser. Sie führen somit nicht nur zu einer Reduzierung der Wasser- und Heizkosten, sondern schützen außerdem die Gesamtanlage durch die ständige Überwachung.

Die Beheizung von Produktleitungen im Bereich der Petrochemie, aber auch von Räumen, erfolgt im Winterhalbjahr vielfach durchgehend, um möglichen Frostschäden vorzubeugen. Eine Beschränkung der Heizung auf die möglichen Frosttage, noch besser lediglich auf die tatsächlichen Frostzeiten, führt zu erheblichen Dampfeinsparungen.

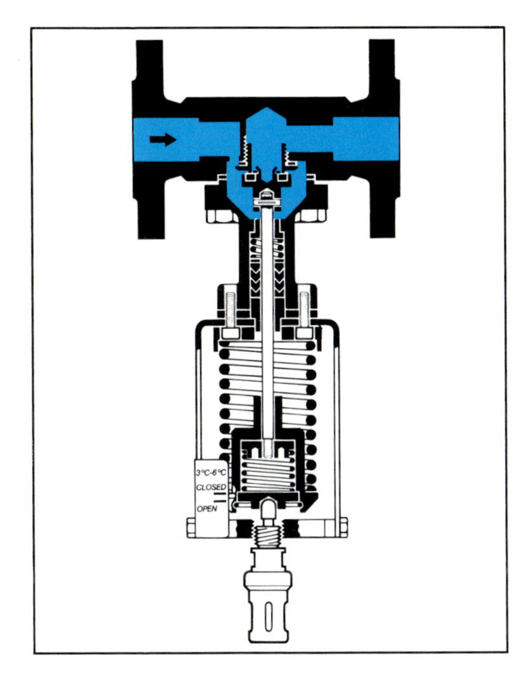

Abb. 31: GESTRA Frostschutz-Thermostatventil

Heizung nur bei Frost spart Dampf

In der Bundesrepublik Deutschland sind im Jahresmittel 60 Frosttage zu erwarten. Bei Heizung allein an diesen Tagen gegenüber den üblichen 150 bis 180 Dauerheiztagen ist eine Reduktion des Heizdampfbedarfes um mindestens 60 % zu erzielen. Durch Verwendung sogenannter Frostschutz-Thermostatventile ist die tatsächliche Einsparung noch größer. Derartige Ventile werden je nach Wunsch in die Dampf- oder Kondensatleitung eingebaut (Abb. 31). Diese Ventile geben normalerweise die Dampfzufuhr erst dann frei, wenn die Umgebungstemperatur ≦ 3 °C beträgt. Bei höheren Temperaturen bleiben die Ventile, die durch einen Feststoff-Thermostaten betätigt werden, geschlossen.

Schlußbetrachtung

Eine nach wirtschaftlichen Gesichtspunkten optimierte Dampfheizung ist ohne eine sinnvolle Kondensatableitung, die den physikalischen und betrieblichen Gegebenheiten Rechnung trägt, nicht denkbar. Innerhalb des Dampf-Kondensat-Kreislaufs gibt es keine autonomen Einheiten, mit denen allein der erwünschte Effekt erzielt werden kann. Dampferzeugung, Dampfverwendung (zum Beispiel zur Erzeugung mechanischer Arbeit und für Heizzwecke), größtmögliche Nutzung der erzeugten Wärme (zum Beispiel durch zweckentsprechende Kondensatableiter und druckabgestuftes Heiznetz) und Verwertung des Kondensats (zum Beispiel zur Kesselspeisung) sind als Gesamtkonzept zu sehen.

Eine Schlüsselstellung in diesem Gesamtkonzept nimmt ohne Zweifel der Kondensatableiter ein. Seine funktionellen Eigenschaften können den Heizprozeß negativ beeinflussen. Er entscheidet allein durch seine möglichen Dampfverluste über die Wirtschaftlichkeit der Dampfheizung. Sein Stellenwert innerhalb des Dampf-Kondensat-Kreislaufs kann daher nicht hoch genug angesetzt werden. Einseitige Diskussionen zum Beispiel über die Kosten für Anschaffung, Wartung und Installation als entscheidende Auswahlkriterien für die Ableiter sind aus der Gesamtsicht wenig verständlich.

Ebenfalls aus gesamtwirtschaftlicher Sicht gewinnen die sonstigen Kondensatarmaturen immer mehr an Bedeutung – sei es, daß sie der Kontrolle der Ableiter oder der direkten Begrenzung des Dampfbedarfs dienen, sei es, daß sie die Wiederverwendung des Kondensats zur Kesselspeisung ermöglichen.

Übrigens: Das war der Anfang . . .

Wie bereits gesagt, ist die Hauptaufgabe des Kondensatableiters – auf einen einfachen Nenner gebracht – das Kondensat aus einem Raum höheren Drucks (Heizraum) in einen Raum niederen Drucks zu schleusen, zum Beispiel in eine Sammelleitung oder ins Freie. Dies könnte zum Beispiel dadurch geschehen, daß das Kondensat in ein Gefäß fließen kann, welches mit dem Heizraum über ein Rohr verbunden und gegenüber der Atmosphäre mit einem Ventil abgesperrt ist. Zusätzlich ist das Gefäß mit einem Wasserstandsanzeiger ausgerüstet. Zeigt dieser »Gefäß gefüllt« an, wird das Ventil manuell geöffnet, der Betriebsdruck drückt das Kondensat ins Freie. Sobald der Wasserstand eine Niedrigstmarke erreicht hat, wird das Ventil wieder geschlossen, wobei die Abflußbohrung immer mit Kondensat überflutet ist; es kann kein Frischdampf entweichen.

Schwimmerbetätigte Regeleinheit steuert automatisch

Nach dem beschriebenen Prinzip arbeiten die Schwimmerableiter, deren Abschlußorgane durch eine mittels Schwimmer betätigte Regeleinheit automatisch gesteuert werden. Der Bau derartiger Ableiter scheiterte zunächst an den fehlenden Ideen für Schwimmersteuerungen, die eine ausreichende Druckfestigkeit und genügend große Öffnungs- beziehungsweise Schließkräfte hatten.

Aus diesem Grunde standen am Anfang der Entwicklung automatischer Kondensatableiter die sogenannten »Expansions-Konden-

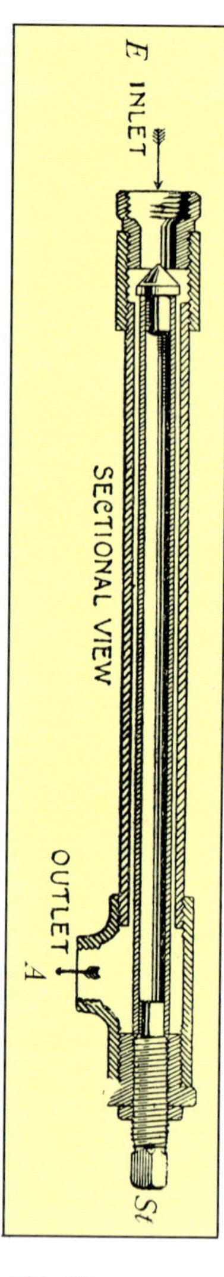

Abb. 32: Expansions-Kondensatableiter

satwasser-Ableiter«. Schon lange bevor die industrielle Dampfheizung im modernen Sinne eingeführt wurde, war die unterschiedliche Ausdehnung von Metallen bei Erwärmung bekannt. Darauf basierten die ersten thermischen Ableiter mit Expansionskörper (Abb. 32). Das Rohr (Gehäuse) aus Stahl erfährt bei Erwärmung eine kleinere Längenausdehnung (≈ 0,019 mm/m K).

Bei einer wirksamen Länge von einem Meter eines nach diesem Prinzip arbeitenden Ableiters ergibt sich daher bei einer Erwärmung beziehungsweise Abkühlung um 100 K zwischen dem äußeren Rohr aus Stahl und dem inneren Rohr aus Messing ein Längenunterschied und damit ein Hub von 0,8 mm. Eingestellt auf eine konstante Schließtemperatur unterhalb der Siedetemperatur des Kondensats (entspricht auch der Temperatur des Heizdampfes) bei dem vorhandenen Betriebsdruck, wird der Austritt von Frischdampf verhindert.

Die Vor- und Nachteile dieses Systems sind in einem Buch über Kondensatableiter aus dem Jahre 1911 definiert. Die dort aufgezählten Vorteile für thermische Ableiter gelten praktisch auch heute noch, aber bei den modernen Ausführungen sind die Nachteile nicht mehr relevant. Dies gilt insbesondere auch für die konstanten Öffnungs- und Schließtemperaturen. Moderne thermische Kondensatableiter führen im Regelfall das Kondensat, wie bereits an anderer Stelle erwähnt, nicht mit konstanten Temperaturen, sondern mit konstanten Unterkühlungen ab. Sie sind daher selbst für größere Druckbereiche problemlos einzusetzen, ohne daß es zu unerwünschtem Kondensatstau oder Dampfdurchschlag kommt. Bei den doch begrenzten Regeleigenschaften der Expansionsableiter lag es nahe, für das manuell zu öffnende

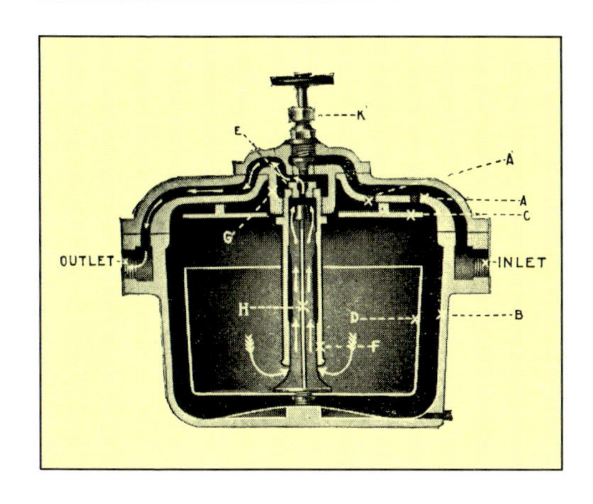

Abb. 33: Freifall-Kondensatableiter mit Eimerschwimmer

und schließende Sammelgefäß (Topf) eine automatische Vorrichtung zu entwickeln. Der älteste dem Autor bekannte »automatische Kondenstopf«, ein Schwimmerableiter, stammt etwa aus dem Jahre 1845 (Abb. 33). Es handelte sich hierbei um einen sogenannten »Freifall-Kondenstopf«. Auf einer zentral im offenen Schwimmer (Eimerschwimmer) befestigten Stange war der Ventilkegel angebracht. Wenn Wasser den Schwimmer nur außen umgab, schwamm er nach oben und schloß dabei das Ablaßventil. Bei weiter nachströmendem Kondensat füllte sich der Schwimmer so lange mit Wasser, bis er sank und dabei das Ablaßventil öffnete. Über ei-

Erster bekannter Schwimmerableiter aus dem Jahre 1845

Abb. 34: Kondensatableiter mit Glockenschwimmer

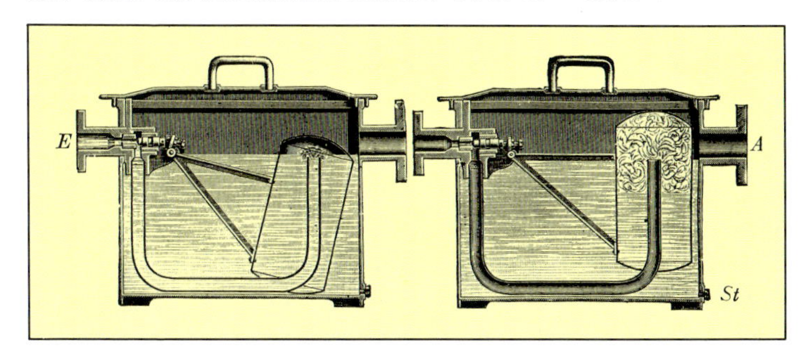

nen Siphon wurde das Wasser durch den Betriebsdruck nach außen gedrückt. Der so geleerte Schwimmer stieg wieder auf und schloß dabei das Ventil.

Neben den Eimerschwimmerableitern gab es auch bereits vor der Jahrhundertwende die sogenannten Glockenschwimmerableiter (Abb. 34). Die im umgekehrten Eimerschwimmer (Glocke) eingeschlossene Gasblase (Luft, Dampf) verlieh dem Schwimmer die zum Betätigen des Ventils notwendige Auftriebskraft. Strömten mehr Luft und Dampf aus der Glocke als nachströmen konnten, verkleinerte sich die Gasblase und damit die Auftriebskraft so weit, bis die Glocke infolge ihrer Schwerkraft nach unten fiel. Bei den älteren Ausführungen war der Schwimmer, wie aus den Abbildungen ersichtlich, auf der Niederdruckseite angeordnet. Dadurch war das Ableitergehäuse praktisch drucklos.

Gasblase erzeugt Auftriebskraft zur Betätigung des Ventils

Schwimmerableiter mit sogenannter geschlossener Schwimmerkugel hat es sicherlich auch schon frühzeitig gegeben, denn von

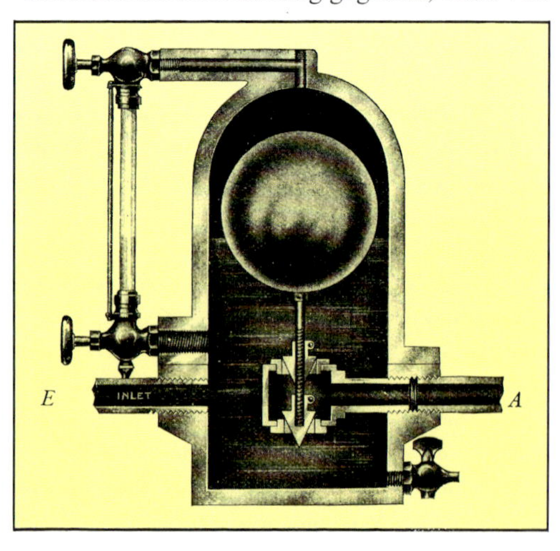

Abb. 35: Kondensatableiter mit geschlossener Schwimmerkugel

den physikalischen Überlegungen her sind sie die einfachste Ausführung. Eine geschlossene Kugel schwimmt auf der Flüssigkeit und betätigt je nach Flüssigkeitsstand ein Ventil. Die Verwendung von druckentlasteten Doppelsitzventilen erleichterte aber die Betätigung und führte im Gegensatz zu den Ableitern mit offenen Schwimmern zu einer kontinuierlichen Arbeitsweise (Abb. 35).

Ableitung des Kondensats im Augenblick des Entstehens

Die hervorstechendste positive Eigenschaft der Schwimmerableiter war die sofortige Ableitung des Kondensats im Augenblick seiner Entstehung, unabhängig von Mengen- und Druckschwankungen. Die positiven Eigenschaften der Expansionsableiter, wie zum Beispiel selbsttätige Entlüftung, beliebige Einbaulage, Frostsicherheit, lange Lebensdauer und die im Vergleich zum Durchsatz kleineren Abmessungen, wurden aber nicht erreicht.

Aus den genannten Gründen konnte keines der beiden Ableitersysteme (thermische oder mittels Schwimmer gesteuerte) das andere verdrängen. Besonders das thermische Prinzip mußte erheblich verbessert werden, um gegen die gute Regelfähigkeit der Schwim-

Abb. 36: Expansions-Kondensatableiter mit Bourdonröhre

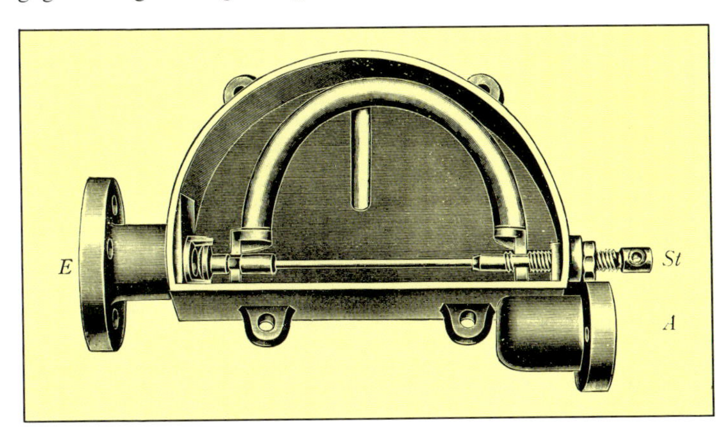

merableiter bestehen zu können. Einen großen Fortschritt stellten die Ableiter mit Flüssigkeitsthermostaten dar. Um etwa 1870 entwickelte der elsässische Ingenieur Antoines Heintz die ersten thermischen Ableiter mit Bourdon-Röhre (Abb. 36). Die halbrunde Röhre war mit Flüssigkeit (zum Beispiel Petroleum) gefüllt, die sich mit zunehmender Temperatur ausdehnte beziehungsweise mit abnehmender Temperatur zusammenzog. Hierbei wurde die Röhre mehr oder weniger gestreckt und die daraus resultierende Bewegung der Endpunkte auf ein Ventil übertragen. Ansprechempfindlichkeit auf Temperaturänderungen und Ventilhub waren bei dieser Konzeption ungleich größer als bei den Ableitern mit Kompaktthermostaten aus Metall. Sie eroberten sich daher neben den Schwimmerableitern einen großen Markt.

1870 erste thermische Ableiter mit Bourdon-Röhre

Insbesondere der Wunsch nach kleineren Abmessungen führte bald zur Entwicklung von Ableitern, deren Thermostaten als Faltenbalg oder als Membran ausgebildet waren. Die ersten Membranableiter entstanden um 1880; zur echten Serienreife kamen sie aber erst um 1900 (Abb. 37).

Die Entwicklung des Membran-Ableiters führte zu kleineren Abmessungen

Die Flüssigkeitsthermostaten hatten gegenüber dem Kompaktthermostaten aus Metall den Nachteil, daß sie empfindlich gegen Wasserschläge waren und nur bei relativ niedrigen Drücken verwendet werden konnten. Die dünnwandigen Thermostaten sind sicherlich auch sehr empfindlich gegen Korrosion gewesen.

Einen wesentlichen Fortschritt für die Kompaktthermostaten brachte die Entwicklung von Bimetall-Thermostaten. Die ersten Ableiter dieser Art gab es bereits vor der Jahrhundertwende (Abb. 38). Der äußere Bügel bestand aus einem Metall mit sehr geringem Ausdehnungskoeffizienten (zum Beispiel

Großer Fortschritt zum Kompaktthermostaten durch Bimetall

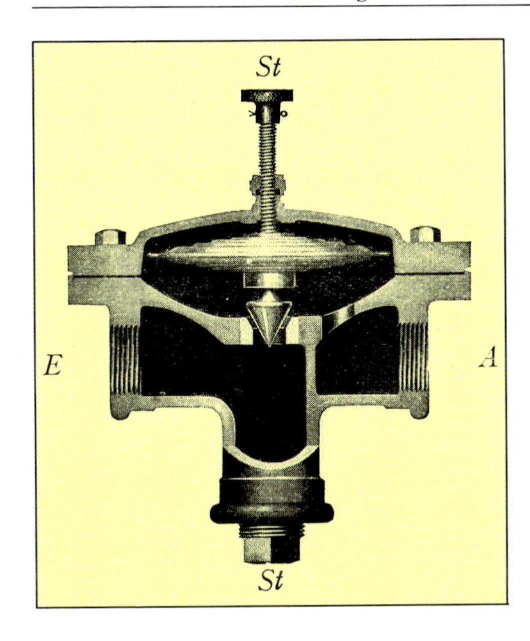

Abb. 37: Expansions-Kondensatableiter mit Membrane

Nickelstahl), der innere Bügel aus einem Metall mit hohem Ausdehnungskoeffizienten (zum Beispiel Messing); beide Bügel wa-

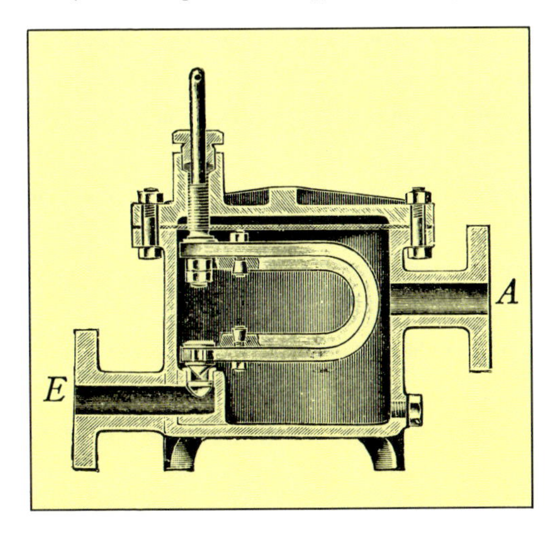

Abb. 38: Expansions-Kondensatableiter mit Doppel-Metallbügel

ren fest miteinander verbunden. Aufgrund der unterschiedlichen linearen Wärmedehnungen der beiden Bügelteile spreizte sich der Bügel bei Erwärmung und schloß dabei das Ventil, bei Abkühlung öffnete sich das Ventil wieder.

Gesamthub durch Summierung von Einzelhüben bei der Bimetall-Säule

In dieser Zeit wurde auch bereits die Bimetall-Säule erfunden (Abb. 39). Fünf gegenläufig wirkende Bimetall-Paare ergaben hier bei der Erwärmung beziehungsweise Abkühlung einen Gesamthub, der der Summe der Einzelhübe von den insgesamt zehn Bimetall-Platten entsprach.

Sämtliche bis jetzt beschriebenen thermischen Ableiter, ob mit Expansionsrohr- oder Flüssigkeits- oder Bimetall-Thermostaten versehen, hatten den entscheidenden technischen Nachteil, daß sie nur bei einer bestimmten vorgegebenen konstanten Temperatur schlossen oder öffneten. Erst in den letzten vier Jahrzehnten kam es zu der sprunghaften Entwicklung der thermischen Kondensatableiter bis zum heutigen Stand.

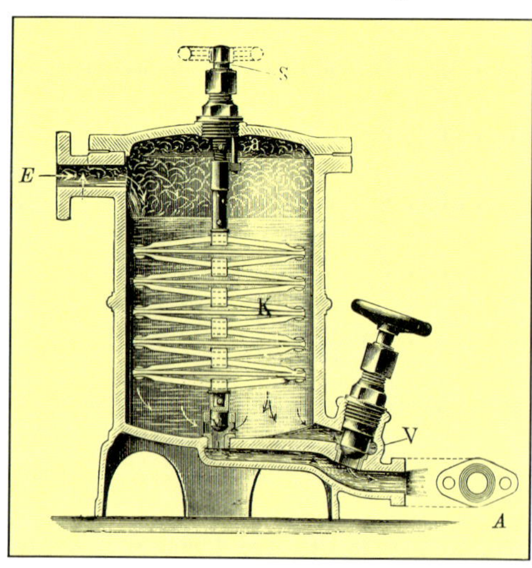

Abb. 39: Expansionsableiter mit hubaddierenden Doppelmetallbügeln

Bei den Bistahl-Ableitern gelang durch entsprechende Gestaltung der Regler eine weitgehende Anpassung der Öffnungs- und Schließtemperaturen an den Verlauf der Sattdampfkurve und damit die notwendige konstante Unterkühlung bei den verschiedenen Betriebsdrücken. Den großen Durchbruch für den wirtschaftlichen Einsatz brachte aber erst der korrosionsbeständige Bistahl.

Durchbruch durch korrosionsbeständigen Bi-Stahl

Der erste korrosionsbeständige thermische Ableiter mit Bistahl-Thermostat kam im Jahre 1955 aus dem Hause GESTRA (Abb. 40).

Betriebssichere Verdampfungsthermostaten

Die Flüssigkeitsthermostaten wurden weitgehend durch sogenannte Verdampfungsthermostaten ersetzt. Bei letzteren wird nicht mehr die Volumenzunahme der Steuerflüssigkeit als Bewegungsimpuls genutzt, sondern der bei der Verdampfung der Steuerflüssigkeit entstehende Innendruck im Thermostaten. Hier standen die Druckfestigkeit und die Korrosionsbeständigkeit der Thermostaten im Vordergrund, um sie im indu-

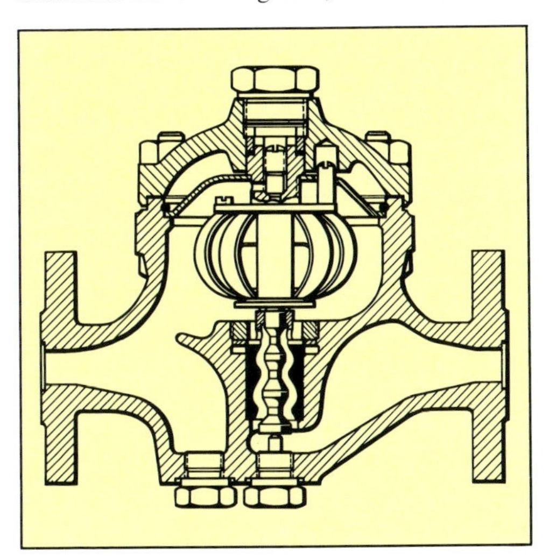

Abb. 40: GESTRA Duostahl-Kondensomat IK Baujahr 1955

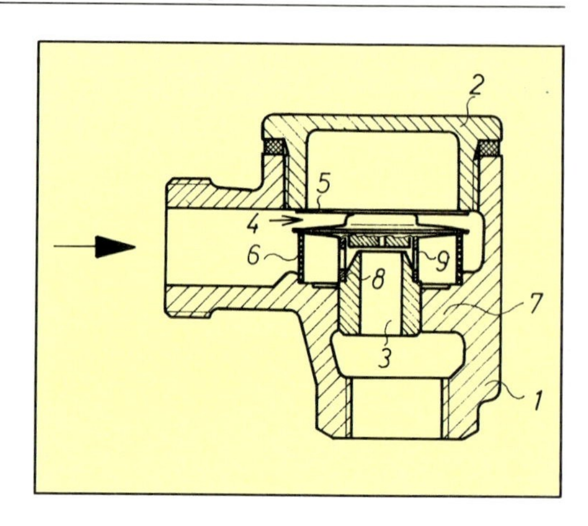

Abb. 41: GESTRA Regelmembran aus Patent-Anmeldung von 1966

strielIen Bereich auf breiter Basis einsetzen zu können. Der vor ca. 20 Jahren konzipierte GESTRA Membran-Ableiter wurde hier zum Vorbild für viele andere Ausführungen (Abb. 41).

Seit mehr als 100 Jahren Düsenableiter

Einige Jahrzehnte vor der Jahrhundertwende wurden dann auch die ersten Düsenableiter entwickelt. Sie fanden zunächst vorzugsweise nur bei Niederdruckdampfheizungen Anwendung. Die einfachste Form eines Düsenableiters war ein simples Regulierventil (Abb. 42); eine originelle Ausführung stellte ein Drosselkörper dar, der aus Drehspänen bestand (Abb. 43). Die Drehspäne bildeten ein Labyrinthsystem mit einem hohen Durchflußwiderstand. Ähnlich wie bei einer Labyrinthdichtung sollte der Austritt von Dampf soweit wie möglich verhindert werden.

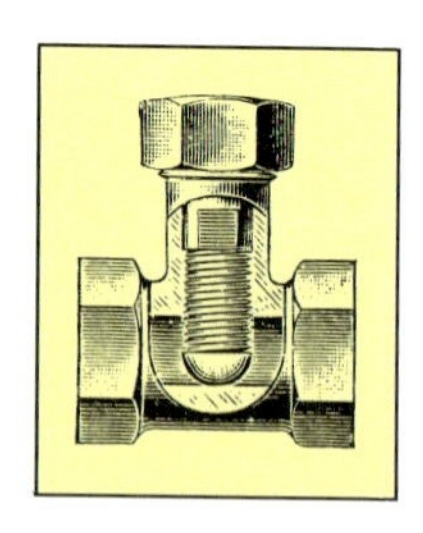

Abb. 42: Regulierventil als Kondensatableiter

Nach dem gleichen Prinzip, technisch allerdings wesentlich eleganter gelöst, arbeitete der GESTRA Prallplatten-Kondenstopf aus dem Jahre 1915. Hier waren in einzelnen übereinander gelagerten Platten Labyrinthe eingeschnitten, die den Austritt von Frischdampf beschränken sollten (Abb. 44). Der heutige Kenntnisstand besagt – ganz gleich, wie das Düsensystem auch gestaltet wird –, daß für den Frischdampfdurchtritt allein der Durchflußwiderstand entscheidend ist. Dieser reduziert aber auch den maximal möglichen Kaltwasserdurchsatz, so daß, bezogen auf diesen, der Dampfdurchsatz immer etwa gleich groß ist (≈ 4 %). Düsenableiter können daher nur noch für konstante Drücke und nahezu konstant großen Kondensatanfall empfohlen werden.

Thermodynamisches Prinzip mit Steuerplatten

In der Reihe der verschiedenen Ableitersysteme ist das thermodynamische Prinzip mit Steuerplatten das jüngste. Die ersten Ableiter dieses Systems entstanden vor etwa 50 Jahren, wobei sich die jetzigen Ausführungen äußerlich von den ersten kaum unterscheiden. Die Arbeitsweise beruht auf dem von den französischen Physikern Clement und Thenard im Jahre 1826 entdeckten »Phänomen« an einem Gebläse: Eine Holztafel,

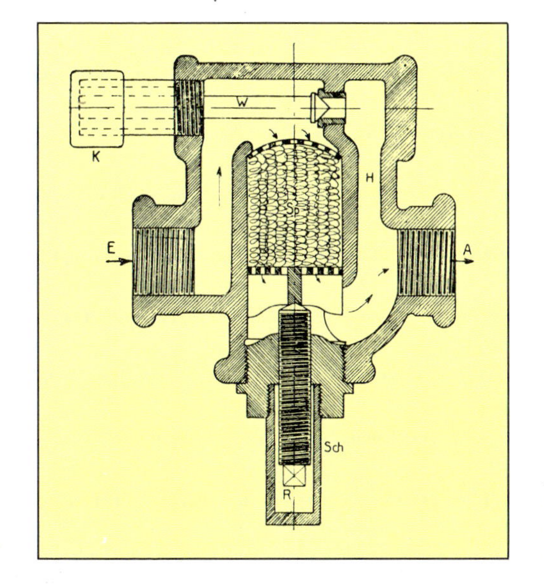

Abb. 43: Kondensatableiter mit Drosselkörper aus Drehspänen

die man dem Luftstrom entgegenhielt und allmählich einer Flanschscheibe mit Austrittsöffnung näherte, wurde in einer bestimmten Entfernung nicht mehr abgestoßen, sondern im Gegenteil plötzlich angezogen. Sie blieb dann in einer gewissen Entfernung von der Flanschscheibe stehen, die sich am Ende des Windrohres befand. Ähnliche Ergebnisse erzielte man auch mit ausströmendem Dampf.

Die Versuche wurden dann von dem Physiker Hachette 1827 fortgeführt und ergänzt (Abb. 45). Hierbei zeigte sich die gleiche

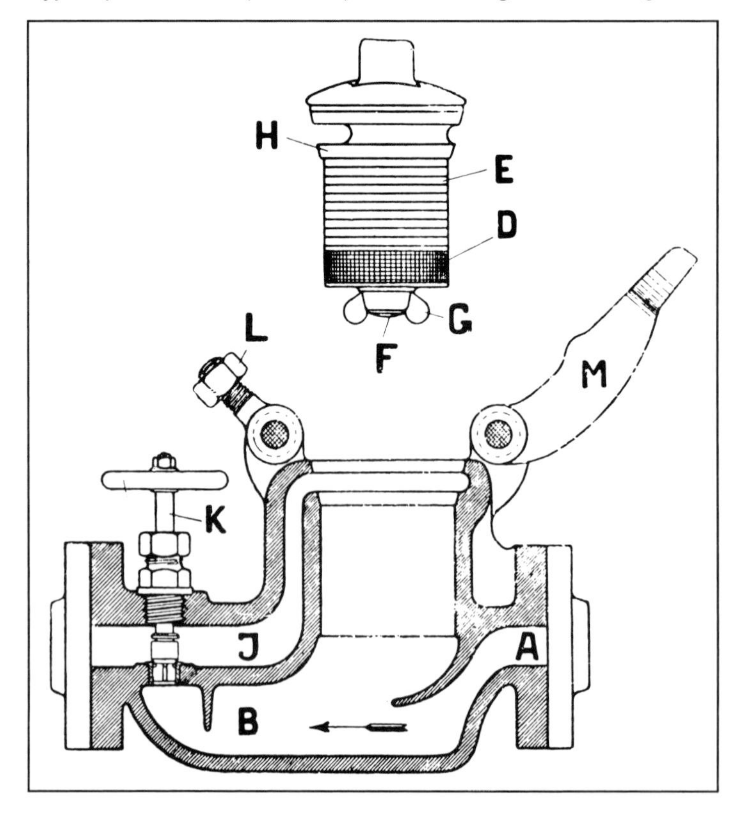

Abb. 44: GESTRA Prallplatten-Kondenstopf Baujahr 1915

Wirkung auch bei ausströmender Flüssigkeit. Hachette erklärte dieses »Phänomen« richtig mit der abnehmenden Geschwindigkeit zum Plattenrand hin (Zunahme des Strömungsquerschnitts).
Die Geschwindigkeitsänderung bedeutet aber – da laut Bernoulli bei einer Strömung die Summe der Energie in jedem Punkt gleich groß ist –, daß sich auch der Druck zwischen beweglicher Platte und Flansch der

Abb. 45: Windrohr (1827) zur Ermittlung des Clement-Thenard-Phänomens

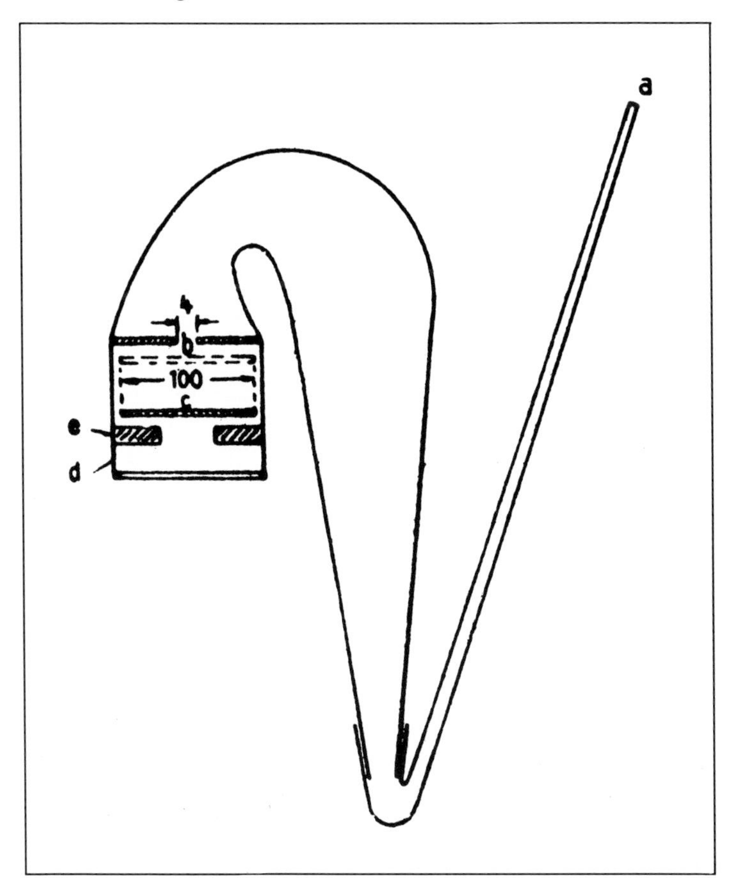

Austrittsöffnung ändert. Er ist am niedrigsten in der Mitte im Bereich der Austrittsöffnung (höchste Geschwindigkeit) und am höchsten am Außenrand (niedrigste Geschwindigkeit). Der gegenüber dem Umgebungsdruck insgesamt niedrigere Innendruck führt zum Anziehen der Platte entgegen der Strömungsrichtung. Dieses »Hydrodynamische Paradoxon« ist die Grundlage aller thermodynamischen Kondensatableiter mit Steuerplatte.

»Hydrodynamisches Paradoxon«

Fachlexikon

Absoluter Druck siehe Druck
Betriebsdruck siehe Druck
Bistahl-Kondensatableiter Der B. ist ein thermischer Kondensatableiter, bei dem die Steuerung des Abflußventils durch einen Bistahl-Thermostaten erfolgt.
Bistahl-Thermostat Der B. ist ein Regelorgan für thermische Ableiter. Der B. ist in der Regel eine Säule aus gegenläufig geschichteten Bistahl-Scheiben, die kraftschlüssig mit dem Abflußventil verbunden ist. Die Bistahl-Scheiben biegen sich bei Erwärmung durch und erzeugen dabei einen Hub (Summe der Einzeldurchbiegungen = Gesamthub). Gleichzeitig erzeugen die Bistahl-Sch. eine in Schließrichtung wirkende »thermische Kraft«, die im Gleichgewicht zu der in Öffnungsrichtung wirkenden »Ventilkraft« steht, erzeugt durch den auf dem Ventil lastenden Druck. Der B. ist bei Sattdampftemperatur geschlossen und öffnet bei Temperaturen unterhalb der Sattdampftemperatur.
Dampf Der Dampf ist ein Gas. Wasserdampf entsteht, indem Wasser bei Siedetemperatur (siedendes Wasser) weiter Wärme zugeführt wird. Der D. hat, solange bei der Wärmezufuhr noch Wasser zum Verdampfen vorhanden ist, ebenfalls Siedetemperatur. Trockener Dampf (ohne Flüssigkeitsteilchen) mit Siedetemperatur wird als Sattdampf bezeichnet. Enthält der Dampf Flüssigkeitsteilchen mit Siedetemperatur, spricht man von Naßdampf. Nimmt der Sattdampf bei konstantem Druck weitere Wärme auf, steigt seine Temperatur über die Siedetemperatur (Sattdampftemperatur); der Sattdampf wird zum Heißdampf.
Dampfdurchfluß Der D. ist die Dampfmenge (gemessen als Massenstrom), die durch das Abflußorgan eines Ableiters in einer bestimmten Zeit (zum Beispiel in einer Stunde) strömen kann.
Druck Der Druck ist die Kraft, die über eine Fläche verteilt, also nicht punktförmig, auf einen Körper wirkt. Als Druckeinheit gilt die Kraft, die auf 1 m^2 einer Fläche wirkt. Die Krafteinheit ist 1 Newton (1 N ist die Kraft, die eine Masse von 1 kg bei einer Beschleunigung von 1 m/s^2 erzeugt: 1 N = 1 kg m/s^2); Druckkraft von 1 N/m^2 = 1 Pa (Pascal); 100 (10^2) Pa = 1 hPa (Hekto-Pascal) = 1mbar; 100 000 (10^5) Pa = 1 bar; 10^6 Pa = 1 MPa (Mega-Pascal) = 10 bar. Der Nullpunkt für den absoluten Druck (zum Beispiel bar abs) ist das vollkommene Vakuum. Als Überdruck (zum Beispiel bar ü) wird in der Dampftechnik der über den Atmosphärendruck hinausgehende Druckanteil bezeichnet ($p_{abs} = P_{Atm} + P_{ü}$). Betriebsdruck ist der im Dampferzeuger, der Rohrleitung oder dem Wärmetauscher herrschende Druck; im allgemeinen wird der Betriebsdruck als Überdruck (manometrischer Druck) gemessen.
Düsenkondensatableiter Der D. hat als Ableitungsorgan eine Düse mit unveränderlichem Querschnitt. Durch die Düse, mit einem gewollt hohen Durchflußwiderstand, kann eine relativ große Masse kalten Wassers strömen, aber nur eine kleine Masse an Dampf (≈ 4 % bezogen auf Kaltwasserdurchsatz). Die Düsen sind entweder als Langlochdüsen oder mehrstufig ausge-

führt. Die GESTRA Stufendüsen lassen sich durch Nachregulierung den jeweiligen Betriebsverhältnissen optimal anpassen.
Duostahl-Kondensomat Der D. ist eine thermische Kondensatableiterbaureihe aus dem GESTRA-Programm; die Regelung erfolgt durch einen Duostahl-Thermostaten. DUO-Stahl ist die Werksbezeichnung für einen im Hause GESTRA entwickelten und hergestellten korrosionsbeständigen Bistahl (siehe Bistahl-Thermostat).
Duostahl-Thermostat Der D. ist das Regelorgan für die GESTRA Duostahl-Kondensomaten (siehe dort).
Energie Die innere E. ist die in einem Körper enthaltene Wärme. Bleibt bei Wärmezufuhr der Aggregatzustand unverändert, ist die Zunahme der inneren E. als Temperaturerhöhung erkennbar. Ändert sich mit der Wärmezufuhr der Aggregatzustand, zum Beispiel Wasser in Dampf, enthält der Dampf an innerer E. die Wärmemenge, die zur Erwärmung der Flüssigkeit auf Siedetemperatur (Flüssigkeitswärme), und zusätzlich die Wärmemenge, die zum Verdampfen der Flüssigkeit (Verdampfungswärme = latente Wärme) notwendig ist.
Entlüfter Der thermische E. ist gleichzeitig ein thermischer Kondensatableiter; herrscht am Thermostaten des E. eine Temperatur, die niedriger ist als die Sattdampftemperatur entsprechend dem herrschenden Druck, öffnet der E. Bei Sattdampftemperatur ist der E. geschlossen. Bei einem vorhandenen Dampf-Gas-(Luft-)Gemisch ist der Gesamtdruck (Betriebsdruck) die Summe der Teildrücke (Partialdrücke) der am Gemisch beteiligten Gase. Mit zunehmendem Gas-(Luft-)Anteil sinkt bei gleichbleibendem Gesamtdruck der Partialdruck des Dampfes und damit seine Temperatur; der E. öffnet und läßt so lange das Dampf-Luft-Gemisch entweichen, bis durch Senkung des Luftanteils (Erhöhung des Dampfanteils) die Temperatur auf die vorgegebene Schließtemperatur gestiegen ist.
Entspannungsdampf Der E. entsteht bei der Druckabsenkung (Entspannung) von heißem Kondensat. Mit der Druckabsenkung sinkt entsprechend die Siedetemperatur und der Wärmeinhalt des Kondensats; die freiwerdende Wärme (latente Wärme) führt zur teilweisen Verdampfung des entspannten Kondensats, zu »Entspannungsdampf«.
Flüssigkeitswärme siehe Energie
Frischdampf Der F. entsteht – im Gegensatz zum Entspannungsdampf –, indem der siedenden Flüssigkeit von außen Wärme zugeführt wird (siehe Energie).
Glockenschwimmerableiter siehe Schwimmerableiter
Heißdampf Der H. entsteht, indem dem Sattdampf bei gleichbleibendem Druck Wärme zugeführt wird. Dabei steigt die Temperatur über die Sattdampftemperatur. H. entsteht aber auch, wenn der Druck des Sattdampfes abgesenkt (reduziert) wird und er dabei keine Wärme abgibt.
Heißwasserdurchfluß Der H. ist die Menge am heißem Kondensat (gemessen als Massenstrom), die durch das Abflußorgan eines Ableiters in einer bestimmten Zeit (zum Beispiel in einer Stunde) strömen kann. Der H. ist abhängig von der Kondensattemperatur und der Druckdifferenz (Vordruck abzüglich Gegendruck).
Heizleistung Die H. sagt aus, wieviel Wärme (J = Joule) die Heizfläche

(Wärmetauscher) in einer bestimmten Zeit (s = Sekunde) an das aufzuheizende Gut abgibt: Joule pro Sekunde = J/s = W (1 000 J/s = 1 kJ/s = 1 kW).

Kaltwasserdurchfluß Der K. ist die Menge an kaltem Kondensat von 20 °C (gemessen als Massenstrom), die durch das Abflußorgan in einer bestimmten Zeit (zum Beispiel in einer Stunde) strömen kann. Der K. ist abhängig von der Druckdifferenz (Vordruck abzüglich Gegendruck).

Kavitation K. ist das Entstehen und die schlagartige Kondensation von Dampfblasen in Flüssigkeiten. Die Dampfblasen entstehen durch örtliches Absinken des Flüssigkeitsdruckes infolge hoher Geschwindigkeiten unterhalb des zur Flüssigkeitstemperatur gehörenden Sattdampfdruckes. Bei Wiederanstieg des Druckes brechen die Dampfblasen zusammen, was mit einem heftigen »Zusammenklatschen« der umgebenden Flüssigkeit verbunden ist. Die dabei entstehenden, örtlich sehr hohen Druckspitzen sind die Ursachen für Werkstoffzerstörungen und K.-Geräuschen.

Kondensat Kondensat ist die Flüssigkeit, die bei der Kondensation des Dampfes entsteht.

Kondensatableiter Der K. hat die Aufgabe, das Kondensat aus dem Wärmetauscher auszuschleusen, gleichzeitig aber den nicht genutzten Dampf zurückzuhalten. Weiterhin soll der K. zur Erzielung des optimalen Heizeffektes die Anlage selbsttätig entlüften (siehe auch Entlüfter). Die verschiedenen K.-Systeme: Schwimmer-K., thermische K., thermodynamische K., Düsen-K. Weitere Bezeichnungen für K.: Kondensomat, Kondenstopf, Kondensatschleuse, Dampffalle (steam trap).

Kondensation K. ist der umgekehrte Vorgang von Verdampfen. Die Umwandlung von dem flüssigen Zustand (Wasser) in den gasförmigen Zustand (Dampf) erfolgt, indem dem siedenden Wasser weitere Wärme (Verdampfungswärme) zugeführt wird. Beim Heizprozeß dagegen wird dem Dampf Wärme entzogen (Kondensationswärme). Im gleichen Maße, wie Wärme entzogen wird, bildet sich der Dampf in den flüssigen Zustand zurück; er »kondensiert« zu Kondensat mit Siedetemperatur.

Kondensatunterkühlung Während der Kondensation, also beim unmittelbaren Übergang vom Dampfzustand in den Flüssigkeitszustand, haben Flüssigkeit (Kondensat) und Dampf gleiche Temperatur, nämlich Sattdampftemperatur gleich Siedetemperatur. Gibt das Kondensat nach seiner Entstehung Wärme ab (zum Beispiel durch Filmkondensation oder Kondensatstau), sinkt die Kondensattemperatur unter die Siedetemperatur; es entsteht »unterkühltes« Kondensat. Die Größe der K. ist die Differenz aus der Siedetemperatur bei dem vorhandenen Druck und der tatsächlichen Temperatur des Kondensats, gemessen in K (Kelvin).

Kondensomat® K. ist die Kurzbezeichnung für KONDENSATABLEITUNGSAUTOMAT. Hierbei handelte es sich ursprünglich ausschließlich um GESTRA-Geräte.

Membran-Kondensatableiter Der M. ist ein thermischer Kondensatableiter, bei dem die Steuerung des Abschlußventils durch einen Verdampfungsthermostaten erfolgt.

Öffnungstemperatur Die Ö. ist die Temperatur, bei der der bei Sattdampftemperatur, also bei Dampfbeaufschlagung, geschlossene thermische Kondensatableiter zu öffnen beginnt. Die Ö. wird im Ableitergehäuse unmittel-

bar am Thermostaten gemessen.
Partialdruck Befinden sich in einem Raum mehrere Gase, die keine chemische Verbindung eingehen, verteilt sich jedes Gas in dem gesamten Raum, als ob die anderen Gase nicht vorhanden wären (Gesetz von Dalton). Jedem Gas ist entsprechend seinem Anteil am Gemisch ein Teildruck, der P., zugeordnet. Der Druck des Gemisches ist die Summe der P. der einzelnen Gase.
Sattdampf siehe Dampf
Sattdampfkurve Die S., üblicherweise Dampfdruckkurve genannt, zeigt im Koordinatensystem den Zusammenhang zwischen Sattdampfdruck und Siede-/Sattdampftemperatur. Die Flüssigkeit siedet abhängig vom Druck bei unterschiedlichen Temperaturen, wobei jedem Druck eine bestimmte Siedetemperatur (gleich Sattdampftemperatur) zugeordnet ist.
Sattdampftemperatur Die S. ist die Temperatur des trockengesättigten Dampfes, des Sattdampfes. Die S. ist identisch mit der Temperatur der siedenden Flüssigkeit, der Siedetemperatur, aus der der Sattdampf entstanden ist.
Schließtemperatur Die S. ist die Temperatur, bei der der bei vorher niedrigerer Temperatur geöffnete thermische Ableiter schließt. Die S. wird im Ableitergehäuse unmittelbar am Thermostaten gemessen.
Schwimmer-Kondensatableiter Die Steuerung des S. erfolgt in Abhängigkeit von dem im S. sich einstellenden Kondensatniveau. Letzteres ist abhängig von der jeweiligen Kondensatmenge, die dem S. zufließt. Betätigt wird das Abschlußorgan durch einen Schwimmer, dessen Auftriebskraft beziehungsweise Schwerkraft, verstärkt durch einen Hebelmechanismus, das Schließen beziehungsweise Öffnen bewirkt. Es gibt S. mit geschlossener Schwimmerkugel, deren Auftriebskraft das Öffnen verursacht; sie arbeiten kontinuierlich, ohne Dampfverluste. Bei S. mit Glockenschwimmern erfolgt das Öffnen durch die Schwerkraft des Schwimmers, nachdem die im Glockeninneren befindliche Dampfblase entwichen ist. Sie schließen durch die Bildung einer neuen Dampfblase und der daraus resultierenden Auftriebskraft. Der für diese Arbeitsweise benötigte Steuerdampf ist ein Wärmeverlust. Glocken-S. arbeiten, abgesehen von sehr kleinen Kondensatmengen, intermittierend.
Siedetemperatur siehe Sattdampftemperatur und Sattdampfkurve
Steuerdampf Bestimmte Ableitersysteme wie Glockenschwimmerableiter und thermodynamische Ableiter müssen, damit sie den Kondensatabfluß steuern können, eine gewisse Menge Frischdampf – Steuerdampf – entweichen lassen. Der S. ist ein für Heizzwecke nicht genutzter Dampf und stellt somit einen Wärmeverlust dar.
Stufendüse siehe Düsenableiter
Thermische Entlüfter siehe Entlüfter
Thermischer Kondensatableiter Die Steuerung des T. erfolgt in Abhängigkeit von der im T. sich einstellenden Kondensatunterkühlung. Der T. öffnet bei der vorgegebenen Öffnungsunterkühlung (Öffnungstemperatur) und schließt bei der vorgegebenen Schließunterkühlung (Schließtemperatur). Bei Sattdampftemperatur ist der T. immer geschlossen. Betätigt wird das Abschlußventil durch Bistahl-Thermostaten, Duostahl-Thermostaten oder Verdampfungsthermostaten (Membranregler).

Thermodynamische Kondensatableiter mit Steuerplatte Der T. steuert den Kondensatabfluß in Abhängigkeit von dem Aggregatzustand (Wasser, Dampf), mit dem das Medium ihn durchströmt. Kaltes Kondensat kann den T. ungehindert durchströmen, die Steuerplatte ist voll auf. Mit größerem Dampfanteil im T. erhöht sich die Strömungsgeschwindigkeit merkbar. Dadurch sinkt der Druck unterhalb der Steuerplatte (Umwandlung von Druckenergie in Strömungsenergie); sie bewegt sich in Schließrichtung, gleichzeitig baut sich über der Platte ein Druck auf. Beides bewirkt ihr Schließen. Durch Abbau des über der in Schließstellung stehenden Platte befindlichen Druckes (durch Kondensation und Leckagen an der Dichtpartie) öffnet der Ableiter wieder.
Thermostaten siehe Bistahl-T., Duostahl-T., Verdampfungs-T.
Überdruck siehe Druck
Überhitzter Dampf Dampf mit einer höheren Temperatur als Sattdampftemperatur wird als überhitzter Dampf oder Heißdampf bezeichnet (siehe Dampf).
Unterkühlungstemperatur siehe Kondensatunterkühlung
Verdampfungsthermostat Der V. ist das Regelorgan für die Membrankondensatableiter. Der V. ist eine geschlossene Dose, die in axialer Richtung elastisch gestaltet ist, zum Beispiel durch Verwendung einer Membran als Dosenboden. In Abhängigkeit von dem in der Dose herrschenden Druck wird die Membran axial bewegt und verstellt einen mit ihr verbundenen Ventilabschluß (Kugel oder Platte). Der Innendruck wird durch eine in der Dose befindliche Steuerflüssigkeit, die Umgebungswärme aufnimmt und dabei teilweise verdampft, erzeugt, wobei die Größe der Verdampfung und damit die Höhe des Innendruckes von der Umgebungstemperatur abhängen. Der Verlauf des Innendruckes entspricht weitgehend dem der Sattdampfkurve des Wassers. Dadurch wird erreicht, daß das Ventil bei Sattdampftemperatur geschlossen und bei Temperaturen unterhalb der Sattdampftemperatur offen ist.
Verdampfungswärme siehe Energie
Vordruck Der V. ist der vor beziehungsweise im Ableiter herrschende Druck (siehe Druck). In der Regel ist der V. identisch mit dem Druck im Wärmetauscher.
Wärme Die W. ist eine Energieform, die nur in Verbindung mit einem festen, flüssigen oder gasförmigen Körper vorkommt. Die W. ist in der Lage, Arbeit zu verrichten, zum Beispiel durch Expansion oder zum Antrieb von Maschinen. Als Maß für die Wärme gilt ihr Arbeitsvermögen: Arbeit = Kraft x Weg. Die Kraft ist definiert als Masse x Beschleunigung = kg m/s^2; die Krafteinheit ist 1 Newton (N) = 1 kg m/s^2, so daß Arbeit = Newton (N) x Meter (m) = Joule (J) = Wärmeeinheit ist: 1 J = 1 Nm.
Wärmedurchgang Der Wärmeübergang von einem Medium höherer Temperatur (zum Beispiel Dampf) auf ein Medium niederer Temperatur (zum Beispiel Wasser), die durch eine Wand (Heizwand) getrennt sind, wird als Wärmedurchgang bezeichnet. Hierbei erfolgt Wärmeübergang des Dampfes an die dampfberührte Oberfläche (Heizfläche), Wärmeleitung durch die Heizwand, Wärmeübergang von der wasserberührten Heizfläche an das Wasser. Maß für den Wärmedurchgang ist die Wärmedurchgangszahl k. Sie

gibt an, wieviel Wärme (J) in 1 Sekunde (s) bei einem Temperaturgefälle von 1 Kelvin (K) von 1 m^2 Heizfläche vom Heizmedium auf das aufzuheizende Medium übertragen wird: $k = W/m^2\,K$, hierbei ist 1 Watt (W) = 1 Js.

Wärmeinhalt Der W. ist in der Regel die Wärmemenge (in kJ), die 1 kg eines Stoffes enthält (siehe auch Energie).

Wärmeleitung Die Übertragung der Wärme von der Oberfläche einer Wand mit höherer Temperatur zur anderen Oberfläche der Wand mit niedrigerer Temperatur wird als W. bezeichnet. Die W. ist abhängig von Stoff und Beschaffenheit der Wand. Maß für die W. ist die Wärmeleitzahl λ; sie gibt an, wieviel Wärme (J) in 1 Sekunde (s) bei einem Temperaturgefälle von 1 Kelvin (K) durch eine Wand von 1 m Dicke geleitet wird: $\lambda = W/mK$ (1 Watt (W) = 1 J/s)

Wärmetauscher W. sind Apparate, die die Wärme von einem Stoff auf den anderen übertragen, und zwar in Richtung des Temperaturgefälles. Bei W. für Heizzwecke wird die Wärme des Heizmediums (zum Beispiel Dampf) durch die Heizwand geleitet und auf das aufzuheizende Medium (zum Beispiel Wasser, Luft) übertragen (siehe Wärmedurchgang, W.-Übergang, W.-Leitung).

Wärmeträger Der W. ist ein flüssiges oder gasförmiges Medium, welches von einer zentralen Wärmequelle (zum Beispiel Dampferzeuger) Wärme aufnimmt. Hierbei kann das flüssige Medium so viel Wärme aufnehmen, daß es in den gasförmigen Zustand (Dampf) übergeführt wird, also neben der Flüssigkeitswärme noch Verdampfungswärme aufnimmt. Das so mit Wärme »beladene« Medium wird zum Verbraucher, dem Wärmetauscher, geleitet, wo es die in ihm gespeicherte Wärme an das aufzuheizende Medium abgibt. Dampf als W. gibt in der Regel nur seine Verdampfungswärme (Kondensationswärme) ab.

Wärmeübergang Die Wärmeübertragung von einem bewegten strömenden Medium auf die von ihm berührte Oberfläche eines festen Körpers wird als W. bezeichnet. Dies gilt auch für den umgekehrten Vorgang: Wärmeübertragung von festen Körpern auf ein sich bewegendes strömendes Medium. Maß für den W. ist die Wärmeübergangszahl α; sie gibt an, wieviel Wärme (J) in 1 Sekunde (s) bei einem Temperaturgefälle von 1 Kelvin (K) auf 1 m^2 Wand übergeht beziehungsweise von ihr abgegeben wird: $\alpha = W/m^2K$ (1 Watt (W) = 1 J/s).

Der Partner dieses Buches:

GESTRA AG, Hemmstraße 130, D 2800 Bremen 1

Die GESTRA AG zählt zu den renommierten Armaturenherstellern der Bundesrepublik Deutschland. Zusammen mit ihren Tochtergesellschaften gehört sie zur Spitzengruppe dieses Industriezweiges.
Das Konzept Rationalisierung der Dampfwirtschaft, welches im Jahr 1902 zur Firmengründung führte, ist heute noch das tragende Element des Unternehmens.
Das Fertigungsprogramm umfaßt im wesentlichen Komponenten für die Automatisierung der Dampferzeugung und der Heizprozesse einschließlich der notwendigen elektronischen Regelelemente bis hin zu rechnergesteuerten Programmabläufen, Komponenten für die rationelle Verteilung und Nutzung des Dampfes sowie ein vollständiges Programm an Rückflußverhinderern in sämtlichen konstruktiven und werkstoffmäßigen Alternativen.
Traditionsgemäß genießt der Kondensatableiter einen besonders hohen Stellenwert. Dies gilt für alle Sparten des Unternehmens von der Forschung über die Konstruktion bis hin zur Fertigung mit hohem Qualitätsstandard und der technisch ausgerichteten Akquisition mit entsprechendem Beratungs- und Wartungsservice.
Das GESTRA Kondensatableiterprogramm, eines der vielseitigsten der Welt, ermöglicht die jeweils wirtschaftlichste Lösung entsprechend den anlagen- und kundenspezifischen Schwerpunktforderungen.
Auf dem Gebiet der Kondensatableitung ist GESTRA daher in der Bundesrepublik Deutschland seit Jahrzehnten der unbestrittene Marktführer und auch weltweit von entsprechender Bedeutung durch Export, länderbezogene Eigenfertigungen und Lizenzvergaben.

Grundwissen mit dem Know-how führender Unternehmen

In gleicher Ausstattung erscheinen:

Die Bibliothek der Technik

1	**Robotertechnik**	KUKA
2	**Technische Keramik**	Feldmühle
3	**Kondensatableitung**	GESTRA
4	**SPS – Speicherprogrammierbare Steuerungen**	Bosch
5	**Industrielaser**	Coherent General
6	**Gabelstapler**	Clark
7	**Antriebsbatterien für Flurförderzeuge**	Hagen
8	**Starre Metallverpackungen**	Schmalbach-Lubeca

Die Bibliothek der Wirtschaft

1	**Langfristige Unternehmensfinanzierung**	Industriekreditbank
2	**Effektive Kommunikation im Büro**	Ericsson
3	**Managementaufgabe Instandhaltung**	WIG

Alle Bücher sind im Buchhandel erhältlich oder zu bestellen.
Weitere Bände in Vorbereitung.